演绎绿色蝶变 · 践行生态文明

新时代生态城建设方法论及实现途径初探

基于重庆广阳岛生态城构建策略与思考

胡 洋 著

中国建筑工业出版社

审图号：GS（2021）883号
图书在版编目（CIP）数据

演绎绿色蝶变·践行生态文明 新时代生态城建设方法论及实现途径初探：基于重庆广阳岛生态城构建策略与思考／胡洋著. —北京：中国建筑工业出版社，2020.12

ISBN 978-7-112-25710-2

Ⅰ.①演… Ⅱ.①胡… Ⅲ.①生态城市-城市建设-研究-重庆 Ⅳ.①X321.271.9

中国版本图书馆CIP数据核字（2020）第245748号

本书以重庆广阳岛生态城建设为基础，从创新思路的研究、生态城的价值观、生态城生命共同体研究方法论、生态城指标体系构建与执行、生态城科技与智慧展现、“两山”理论实践转化模式探索等几个方面进行新型生态城构建策略与思考。通过重庆生态城的建设形成新时代生态城市建设的指标体系，梳理出绿水青山、金山银山、和谐共生、绿色发展的宏观指标。并将生态城建设和智慧城市建设相结合，实现产业生态技术和绿色生态技术的有效结合，为落实绿水青山就是金山银山提供可实施途径。本书适用于城市规划、城市建设、建筑设计、环境设计等相关政府部门、设计院所及相关从业者阅读使用。

责任编辑：唐 旭 张 华
文字编辑：李东禧
版式设计：锋尚设计
责任校对：王 烨

演绎绿色蝶变·践行生态文明
新时代生态城建设方法论及实现途径初探
基于重庆广阳岛生态城构建策略与思考
胡 洋 著
*
中国建筑工业出版社出版、发行（北京海淀三里河路9号）
各地新华书店、建筑书店经销
北京锋尚制版有限公司制版
北京富诚彩色印刷有限公司印刷
*
开本：787毫米×1092毫米 1/16 印张：14 字数：235千字
2021年4月第一版 2021年4月第一次印刷
定价：158.00元
ISBN 978-7-112-25710-2
（36672）

顾问

重庆市经开区专家：

王建华　重庆经济技术开发区党工委委员、管委会副主任

潘　峰　重庆经济技术开发区生态环境和建设管理局局长

中国建设科技集团专家：

文　兵　中国建设科技有限公司党委书记、董事长，中国建设科技集团股份有限公司党委书记、董事长

樊金龙　中国建设科技有限公司副总经理，中国建设科技集团股份有限公司副总裁

张　扬　中国城市发展规划设计咨询有限公司党委书记、董事长

协作单位专家：

赵建军　中共中央党校（国家行政学院）哲学部教授

陈利顶　中国科学院生态环境研究中心研究员、中国生态学学会副理事长

刘晶茹　中国科学院生态环境研究中心研究员

刘立波　中国节能协会节能低碳专家联盟副秘书长、零碳研究院院长

序

习近平总书记深刻指出，“生态兴则文明兴，生态衰则文明衰”“生态文明建设是关系中华民族永续发展的根本大计”。

从污染防治攻坚战，到建设青山常在、绿水长流、空气常新的美丽中国，再到让广大人民群众望得见山、看得见水、记得住乡愁的优美环境……在习近平生态文明思想的指导下，我国的生态文明建设已经发生了历史性、转折性、全局性的变化。在新的历史起点上，如何将这一科学理论体系学懂、弄通、做实？如何将其中关于“人与自然和谐共生、绿水青山就是金山银山、山水林田湖草是生命共同体、用最严格制度保护生态环境、共谋全球生态文明建设之路”等恢弘的战略谋划转化为工作实践的方法论？这是摆在我们面前的一道重大的理论和实践课题。

在此背景下，重庆市委、市政府从全局谋划一域，以一域服务全局，策划展开广阳岛智创生态城建设工作。在中国建设科技集团的配合参与下，《新时代生态城建设方法论及实现途径初探——基于重庆广阳岛生态城构建策略与思考》应运而生。这本著作，汲取了十八大以来我国推进生态文明建设与绿色发展的最新理念和政策。

从专业理论维度，提炼了符合当下时代精神的生态城灵魂，确立了生态城打造的核心理念，强调在城市发展过程中，认识、尊重、顺应城市发展规律，端正城市发展指导思想，把创造优良人居环境作为中心目标，努力把城市建设成为人与人、人与自然和谐共处的美丽家园，像保护眼睛一样保护生态环境。同时，全面发挥绿水青山的生态效益、经济效益和社会效益，紧密结合现代科学技术手段建成经济、社会、生态三者协调发展的绿色生产方式、绿色生活方式和城市建设运营模式；精准了新时代生态城的定义与范畴，形成了智慧支撑绿色、繁荣、创新、人文生态城的方法论。

从技术实践维度，吸收了国内外生态城建设的实践经验，即在科技、制度、文化等方面的最新发展；从实践意义上介绍了重庆广阳岛智创生态城的指标体系、产业模式、制度体系以及科技支撑体系；创造性地融合了城市更新，以提升土地使用效率为目的来形成指标引导方向，对土地进行环境修复，改善生态本底质量，对空间进行整合、集约、优化，提高可再生能源的利用比例，提出有机转化和文脉延续要求；在国土空间规划思路的大背景下，策划了城市空间应用范例，在长江广阳岛上统筹推进山水林田湖草系统治理，形成了生态空间的实践样板，并计划完成策划农业空间的实践场景，力争在国土空间的全部类型上打造习近平生态文明思想在城乡建设领域的样板，在全国乃至全世界范围内形成示范效果和探索价值。理论与实践同频共振，对我国新时代生态城的建设进行了最新的建构与诠释，是一本值得期待的读本。

新时代，我国生态文明建设处于压力叠加、负重前行的关键期，同时也是各项生态环境问题得以解决的窗口期。围绕着人民的需求与向往，积极探索推进生态文明建设的具体实践方案，是新时代中国特色社会主义发展的题中之意。广阳岛智创生态城的建设，诠释与践行了新时代中国特色社会主义城市发展的新内涵、新要求和新方法，是践行习近平生态文明思想的具体行动；是实现人与自然和谐共生现代化的具体场景；是助推成渝地区双城经济圈建设和全市“一区两群”协调发展的重要举措之一。

生态文明建设是一项只有起点没有终点的世代工程，期待该书能够作为新时代生态城建设的尝试性探索，为生态文明建设贡献力量。我们在未来将继续结合重庆广阳岛生态城实践工作，在生态城建设的指标体系等实践领域进一步探索，不断通过具体项目的应用呼应新时代的先进思想，在更多的实践场景当中发挥作用。

2021 年 3 月 30 日

前 言

习近平总书记在中国共产党第十九次全国代表大会上向世界庄严宣示，中国特色社会主义进入了新时代，这是我国发展新的历史方位。在新时代背景下，人民至上是习近平新时代中国特色社会主义思想的根本立场和鲜明特征，要始终贯穿于新时代中国特色社会主义发展的各项工作中，人民对美好生活的向往，就是我们奋斗的目标。

新时代，生态文明建设越来越成为关系中华民族永续发展的根本大计，对于形成绿色发展方式和生活方式、实现美丽中国目标的重要性日益凸显。美好的生态环境成为最广大人民群众的心之所向，生态文明建设也成为党和国家最重要的现实关切之一。党的十九大报告把“坚持人与自然和谐共生”作为新时代坚持和发展中国特色社会主义的基本方略之一；十九届五中全会明确提出 2035 年“美丽中国建设目标基本实现”的远景目标和“十四五”时期“生态文明建设实现新进步”的新目标新任务，并以“推动绿色发展，促进人与自然和谐共生”为主题，对深入实施可持续发展战略、完善生态文明领域统筹协调机制、加快推动绿色低碳发展等方面作出重要部署。可见，我国在生态文明建设中的力度与成效在整个世界范围内堪称创先举旗帜、独一无二的。在成熟的理论基础和政策背景下，一个关键问题摆在我们面前：我们要展现给世界各个国家的不仅仅是我国在理论层面提出了生态文明的发展战略和理念，我们更要用具体的实践和落地的案例来呈现出我国生态文明建设的现实进度与特色成果。关于生态城的打造，对于展示我国生态文明建设的风采具有重要意义。

习近平总书记关于城市建设的新思想、新观点、新论断，明确了做好城市发展的总体思路和重点任务；描绘了“低碳城市”“生态城市”“智慧城市”“海绵城市”等不同类型的城市建设蓝图，对于我国城市未来发展具有重要的前瞻性、战略性的指导意义，是我们做好城市工作的根本遵循。2019 年 4 月习近平总书记在重庆考察并发表重要讲话，希望重庆更加注重从全局谋划一域、以一域服务全局，努力在推进新时代西部大开发中发挥支撑作用、在推进共建“一带一路”中发挥带动作用、在推进长江经济带绿色发展中发挥示范作用。在此背景下，重庆市继往开来，展开广阳岛智慧创新生态城建设工作，将习总书记对城市建设工作的指导思想以及对重庆发展的殷殷嘱托在重庆大地上落地生根。

新时代生态城建设方法论及实现途径的研究，是在生态文明思想指导下，以既有生态城的相关研究为基础，解析生态城的概念、内涵及核心要义，明确新时代生态城的建设意义和价值观，以智慧支撑绿色、繁荣、创新、人文生态城为整体愿景。在生态城创新思想的指导之下，形成新时代生态城“一图、一表、一产业、一库、一模型、一制度”的成果体系，指导生态城指标体系的构建和实施。

关于生态城的研究已有40年积淀，在20世纪80年代，中科院生态环境所形成了具有一定权威性的“自然—经济—社会复合生态系统”理论模型，并应用到了中新天津生态城的建设实践中。在当代城市建设发展转型的关键时期，新时代需要以习近平生态文明思想为指导，践行绿水青山就是金山银山和生命共同体的理念，结合习近平总书记关于城市发展提出的“创新、协调、绿色、开放、共享”五个要求和党的十八大以来形成的“五位一体”思想部署，进行理论升华。在新时代生态城的建设方法论中引入“生命共同体基底”的概念，将城市功能和生态环境视为一个有机的整体，将“生态经济体系、生态安全体系、生态文化体系、目标责任体系、生态文明制度体系”五大体系作为生态城建设的基本逻辑，概括出思想政治和科学理论共同引领的生态城定义。

重庆广阳岛生态城是贯彻落实习近平生态文明思想、推动长江大保护和成渝地区双城经济圈的具体行动，也是新时代生态城建设方法论的实践场景。重庆广阳岛生态城位于重庆市南岸区，长江、铜锣山、明月山、茶园大道之间的围合区域，“一江两山环抱，六大要素集聚”是生态城105平方公里范围内最为突出的生态环境特征，“山、水、林、田、湖、草”六大要素的特征形成了重庆广阳岛生态城作为“山水之城、美丽之地”的神韵，也是区别于其他既有生态城的特色所在。

在新时代生态城“一图、一表、一产业、一库、一模型、一制度”成果体系的指引下，重庆广阳岛生态城的空间格局可归纳为对城镇空间的异质化管控的图纸体系（即“一图”），并与广阳岛片区控规相结合；指标体系（即“一表”）为生态文明体系中生态安全、生态经济、生态文化的有机融合，涵盖城市空间和功能的所有内容，并结合一图对用地提出具体指标要求。以此为基础，在产业生态化和生态产业化的指引下，提出产业升级的方向（即“一产业”），对于引入产业和人类活动与一表控制要求不相符的情况，通过生态技术库（即“一库”）进行修正，将实现金山银山和保护绿水青山融合在一起。将上述成果体系以数字生态城（即“一模型”）作为技术支撑，并以自然、经济、社会制度体系（即“一制度”）作为政策支撑。

首先，“一图”是以生命共同体为思想指导，从全球范围来看，重庆广阳岛生态城处于古北界的分区范围内；从全国范围来看，重庆广阳岛生态城位于长江流域体系；从重庆广阳岛生态城所在的生态系统来看，重庆广阳岛生态城最小的、相对独立的生态腹地范围为480平方公里。通过重庆广阳岛生态城“育三带、建三廊、保三心、控三线”的生态格局，形成了统摄人类活动、生产活动、保护行动的三线九区异质化管控图。

其次，“一表”是以“一图”作为基底，通过三线容量管控、三大子系统有机联系和三线九区为基本指导，形成了重庆广阳岛生态城指标体系。指标体系全方位体现了生态环境质量、科技创新水平、产业引入标准、居民生活水平、智慧平台建设等方面的控制要求，充分体现了生态文明思想，并对应到具体的空间管控类型，明确了具体的执行单位。指标体系纵坐标按照生态文明五大体系的系统论方式形成价值判断，横坐标为结合保护分区进行分类的国土空间规划全覆盖的用地类型。指标体系以巢式结构指标群的形式构成，并按照评价类和引导类指标进行分级，评价类指标衡量生态城的发展结果，指导类指标能够指导近期工作。同时，指标体系创造性地融合了城市更新，尤其对产业用地而言，对空间进行整合、集约、优化，以提升土地使用效率为目的来形成指标引导方向，改善生态本底质量。通过对指标体系的高度概括，梳理出绿水青山、金山银山、山城、和谐共生、绿色发展等重点宏观指标，以最精炼的方式，体现生态城的具体成果和建设重点；对生态城整体效果与建设过程的评估，体现评分方式的灵活和可操作性，形成生态城建设效果的绝对指数和行政考核的相对指数。

最后，结合“一图、一表”，引入“一库”——重庆广阳岛生态城生态技术库，在技术清单的基础上形成大数据智慧模型（“一模型”），未来可测算生态城运营成本和未来效益。整合以上成果，将生态城的现状、未来及运营方向通过数字生态城的手段来予以展现，并将绿水青山和金山银山进行融合，形成生态城的产业布局与行动计划（“一产业”），将产业生态化、生态产业化和生态技术库作为重庆广阳岛生态城实践“两山”理论的重要抓手。策划重庆广阳岛生态城制度体系（“一制度”），通过政策手段实现生态城自然、经济、社会三系统的高度协调和良性循环的可持续发展。

综合来看，重庆广阳岛生态城是在习近平新时代生态文明建设思想核心价值的指引下，贯彻新发展理念，体现生态与智慧双基因融合发展，实现绿水青山和金山银山的同频共振，助力城市发展不断破局解困，体现生态城是城镇空间和生命共同体的有机整体，形成城镇、生态两大空间融合的，兼顾保护与发展的空间格局和新时代城市建设模式。

目 录

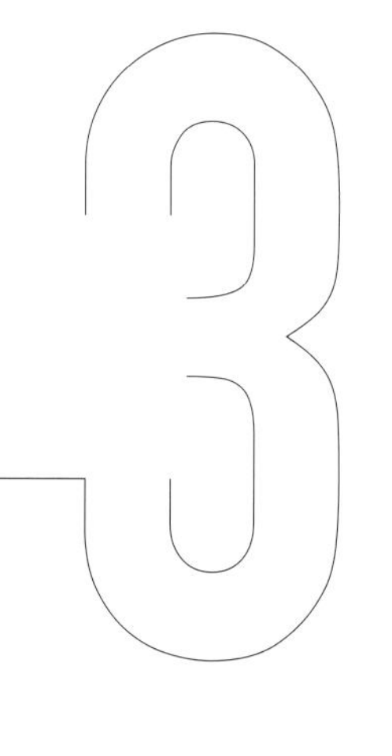

第3章 一图：生态城生命共同体基底及生态格局研究

第 4 章 一表：生态城指标体系构建与执行

第 5 章 一产业：生态城“两山”理论实践转化的模式探索

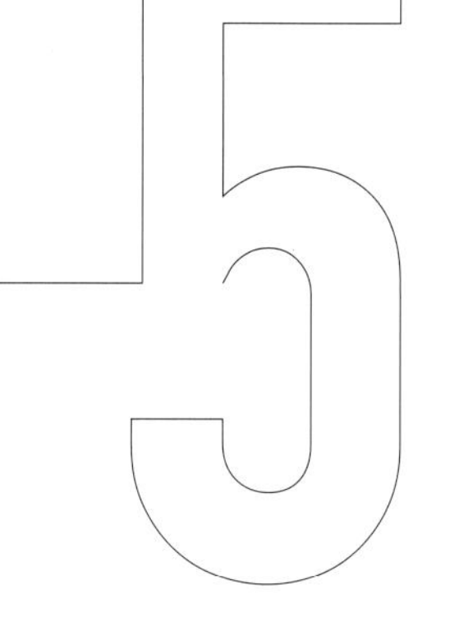

第 6 章 一库、一模型：生态城科技与智慧展现

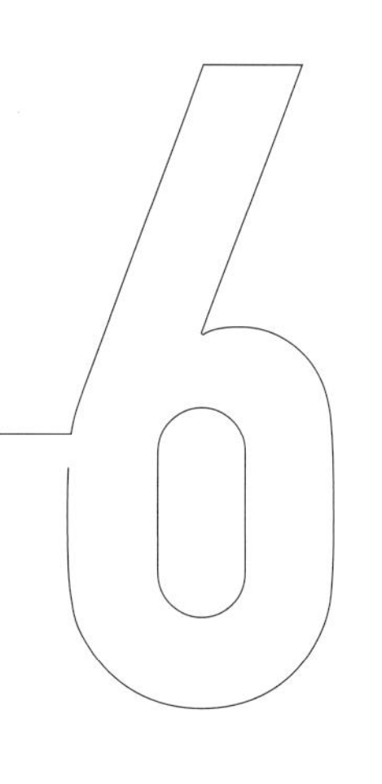

第 7 章 一制度：

生态城建设的制度体系构建

第 1 章

绪 论

1.1 时代背景研究

1.1.1 中国生态文明建设进入快车道

党的十八大以来，以习近平总书记为核心的党中央立足新时代我国社会主要矛盾变化，适应和把握我国经济发展进入新常态的趋势，着眼提供更多优质生态产品以满足人民日益增长的优美生态环境需要，高瞻远瞩、总揽全局，把生态文明建设纳入“五位一体”总体布局、顶层设计和系统决策，深刻回答了“为什么建设生态文明”“建设什么样的生态文明”“怎样建设生态文明”等重大理论和实践问题[1]，推动了生态文明建设和生态环境保护发生历史性、转折性、全局性变化，最终形成了习近平生态文明思想。

习近平生态文明思想通过“生态兴则文明兴、生态衰则文明衰”来揭示人类史与自然史交融互动、人与自然对立统一的一般规律[2]，以“绿水青山就是金山银山”揭示新时代社会主义建设实现绿色发展的特殊运行法则[3]；从民生角度提出了“良好生态环境是最公平的公共产品，是最普惠的民生福祉”的社会主义生态文明建设民生观[4]，又从战略高度不断强化包括生态文明建设在内的“五位一体”总体布局和“四个全面”战略布局，是新时代推进生态文明和美丽中国建设的根本遵循[5]。

如今，中国生态文明建设进入了快车道，我国生态文明建设进入了重要的战略机遇期，新时代背景下的中国经济已由高速增长阶段转向高质量发展阶段[6]。生态城的建设是生态文明构建的一项重要内容，不仅为城市发展、环境保护、污染治理等问题提供可借鉴的经验，也为全国乃至世界其他城市提供人与自然和谐共生的城市建设样板。

1.1.2 生态文明建设的国土空间示范载体需求

中共中央、国务院印发了《关于建立国土空间规划体系并监督实施的若干意见》，将主体功能区规划、土地利用规划、城乡规划等融合为国土空间规划并监督实施，实现“多规合一”[7]。变革后的国土空间规划具有体系的完整性、功能的系统性、治理的有效性特征，并通过底线和红线思维将绿色发展理念贯彻到国土空间开发与保护的全过程。国土空间规划体系构建是文明演替和时代变迁背景下的重大变革，将国土空间规划改革纳入生态文明改革总体方案，意味着国土空间规划进入了生态文明的新时代。

国土空间是生态文明建设的空间载体，习近平新时代生态文明思想在国土空间上的建设承载最主要是生态空间、城镇空间、农业空间三类，要从生态文明建设要求的高度，对三类空间进行示范性体系构建。目前重庆广阳岛作为生态空间长江生态文明创新实验区已经取得了优异的成果。重庆广阳岛生态城将聚焦于城镇空间，作为城镇空间的全球“生命共同体”城市示范区来积极推进，以期在现有研究的基础上，以重庆南岸区为落脚点，构建生态文明建设下国土空间三类空间的三大示范区（图 1-1）。

1.1.3 城市发展已迈入存量更新时代

城市更新从追求“增量增长”到实现“精明增长”，发生了从“量”到“质”的转变，迎来了以存量焕新、内涵增值为发展诉求的时代，“城

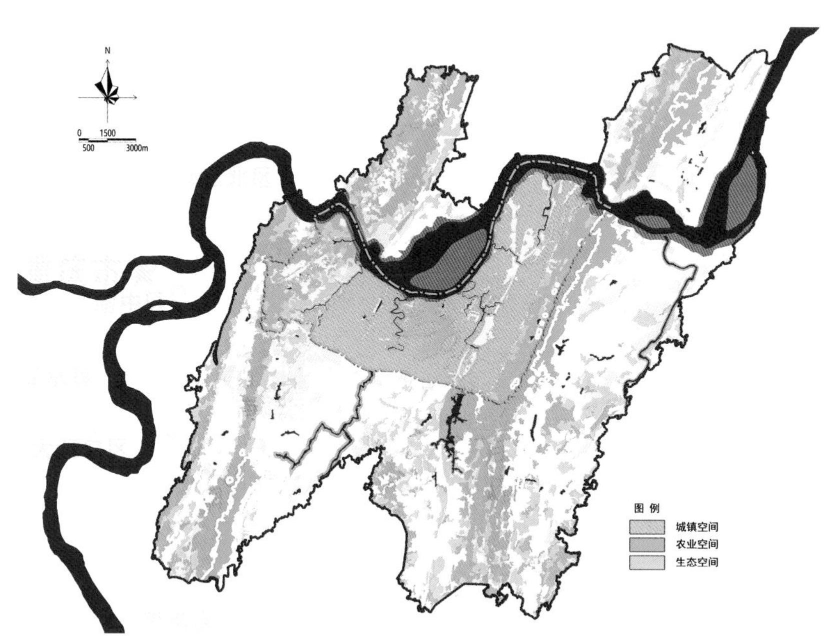

图 1-1 国土空间中城镇空间的生态文明示范（底图来源：重庆市中心城区地势 审图号：渝 S（2020）015 号 重庆市规划和自然资源局 监制 二〇二〇年六月）

市更新”的话题始终围绕城市经济和建设的各个环节，在建设智能、高效、可持续发展的城市浪潮下，城市更新为推动城市现代经济发展迈入下一阶段提供了保证[8]。城市更新将城市中已不适应现代化城市社会生活的地区进行重建、整治，对建成区的城市空间形态改善，对城市功能进行升级换代[9]。

城市更新的关键在于时间与空间的重塑，如何把原有空间单一的功能替换为新的功能，其本质是人居环境改善与产业升级。重庆广阳岛生态城中包含既有建成区，其中大部分为工业用地，产业转型将同步推动空间布局的重构。同时，产业活力是城市活力的重要组成部分，城市空间结构调整充分考虑产业和城市转型的需求。广阳岛生态城的城市更新内容不仅仅局限在建筑与城市空间的更新，其更重要的使命是城市的环境更新、产业更新、活力更新以及人的更新。

1.2 研究范围及意义

1.2.1 研究范围

重庆广阳岛生态城位于重庆市的东部槽谷区域，规划面积 105 平方公里，西靠铜锣山，东邻明月山，北沿长江，南至茶园大道。为了更为完整地体现广阳岛生态城的生态基底条件和生态格局，结合生命共同体“山、水、林、田、湖、草”六大要素的特征，划定其研究范围为 480 平方公里，形成西靠铜锣山、东邻明月山、北沿御临河、南邻花溪河的相对独立的生态系统，“一江两山环抱，六大要素集聚”是重庆广阳岛生态城最为突出的生态环境特征（图 1-2）。

研究范围内有着极佳的天然生态基底，自然资源多样，河湖水系丰富，山林草地和田园广布，是山清水秀美丽之地的集中体现。其中，长江干流横穿而过，地形由长江南岸向腹地逐渐抬升；铜锣山、明月山作为“城市绿肺、市民花园”，贯穿规划用地，植物种类繁多，拥有各级林地面积 62 平方公里；苦竹溪、渔溪河、牛头山等都是其中标志性的

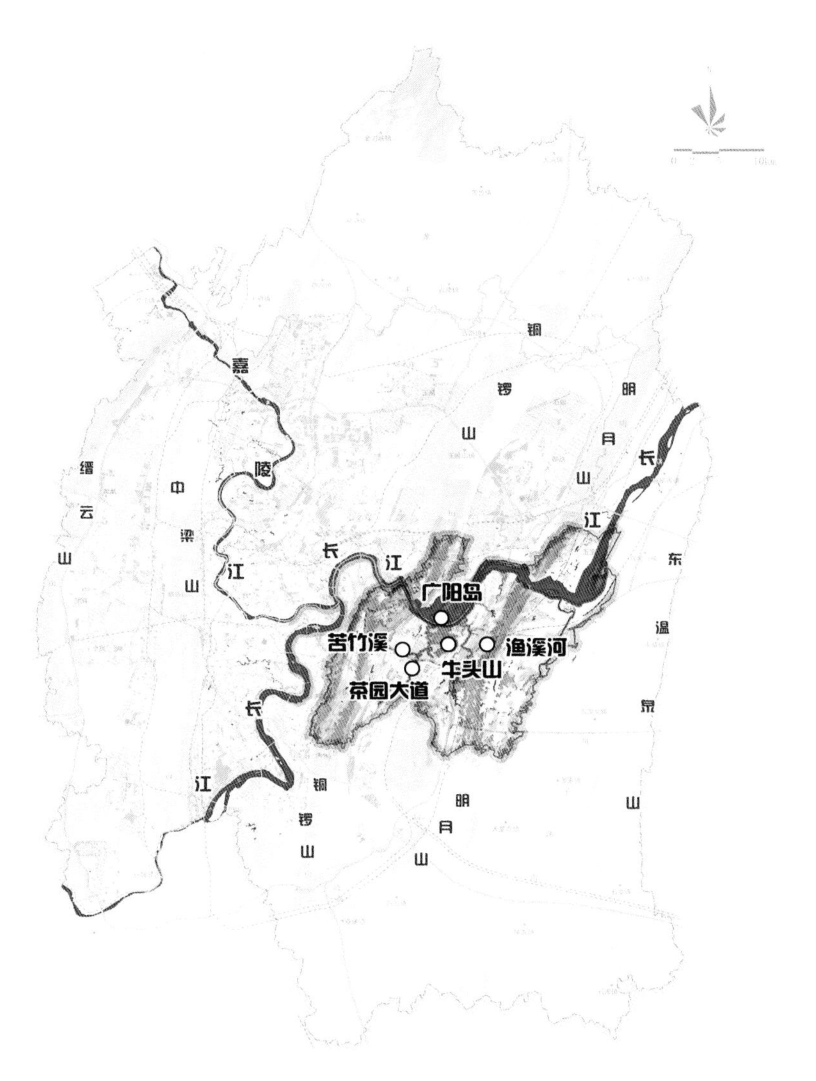

图 1-2　重庆广阳岛生态城区位及研究范围（底图来源：重庆市中心城区地势 审图号：渝 S（2020）015 号 重庆市规划和自然资源局 监制 二〇二〇年六月）

生态要素。重庆广阳岛生态城是“山水之城、美丽之地”的神韵所在，也是区别于其他生态城的特色所在。

1.2.2 研究意义

青山毓秀，大江东流，万里长江黄金水道，在重庆孕育出上游第一大生态宝岛—广阳岛，这里山环水绕、江峡相拥，是重庆“两江四岸”城市发展主轴上的长江生态文明湾区。

本研究以习近平新时代中国特色社会主义思想为指导，深学笃用习近平生态文明思想，深化落实总书记对重庆提出的“两点”定位、

“两地”“两高”目标、发挥“三个作用”和营造良好政治生态的重要指示要求，贯彻落实党中央关于推进新时代西部大开发、推动成渝地区双城经济圈建设的重大战略部署，以“行千里·致广大”为价值定位，牢固树立创新、协调、绿色、开放、共享的发展理念，坚持生态优先绿色发展，坚持世界眼光、国际标准、高点定位、重庆特色，以“人不负青山，青山定不负人”的定力，保护良好生态环境，提供优质公共产品，发展生态绿色经济，增进社会民生福祉，建设资源节约、环境友好、经济繁荣、社会和谐的智慧生态城。

重庆广阳岛生态城以广阳岛为生态核心，在 480 平方公里的生命共同体基底内考虑完整的生态格局，在长江南岸 105 平方公里的范围内整体打造生态城，发挥好长江经济带绿色发展示范作用，演绎“生态文明是中华民族永续发展的千年大计”重庆篇章，奏响长江经济带绿色发展示范的生态强音，努力将广阳岛生态城规划建设成为西部大开发重要战略支点、“一带一路”和长江经济带联结点的承载地、内陆开放高地、山清水秀美丽之地的展示地、推动高质量发展、创造高品质生活的体验地。

1.3 研究思路与创新示范

1.3.1 研究思路

2012 年党的十八大站在历史和全局的战略高度，从经济、政治、文化、社会、生态文明五个方面，制定了新时代统筹推进“五位一体”总体布局的战略目标，使中国特色社会主义事业总体布局的内容更加丰富、结构更加完善。新时代习近平生态文明思想全面指导了城市建设中如何贯彻好人与自然、发展与保护、环境与民生中各个要素之间的系统关系，习近平对生态文明建设战略任务的具体部署体现在生态文明五大体系中，对新时代生态城的建设提出了新要求。

按照《加快推进重庆主城都市区高质量发展第一次会议》中“强核

提能级、扩容提品质”的要求，立足重庆广阳岛生态城自然生态、历史人文、发展建设等三大本底，处理好广阳岛保护利用与城市提升的关系、广阳岛与周边区域的关系，在优化生产生活生态空间、实施生命共同体生态保护修复、推进产业生态化和生态产业化、践行生态文明理念、绿色技术应用与智慧城市建设、体制机制政策创新等方面做出示范。

重庆广阳岛生态城是在习近平新时代生态文明建设思想核心价值的指引下，贯彻新发展理念，体现生态与智慧双基因融合发展，生态城不是“生态”和“城”两个因素之间的简单叠加，而是“五大体系”的有机结合。围绕实现自然生态绿色健康，产业生态低碳循环、人文生态幸福美好，通过研究生态城生命共同体基底及生态格局、构建异质化的生态城指标体系，指导产业生态化和生态产业化的发展，形成绿色技术库、智慧生态城和大数据模型，并构建生态城建设的制度体系。重庆广阳岛生态城体现生态城是城镇空间和生命共同体的有机整体，形成城镇、生态两大空间融合、兼顾保护与发展的空间格局和新时代城市建设模式。

1.3.2 研究创新与示范

广阳岛生态城研究的创新和意义体现在以下四个首次，使生态城在国内乃至国际上达到创新示范的作用。

首次基于生命共同体基底，构建生态城的生态格局。从全球生命共同体到生态城所在的最小自生生态系统，建立了生态城所赖以生存及融入的生命共同体基底。基于生命共同体的“整体系统观”，确立生态城生态格局中最应该保护和修复的生境。

首次提出城市既有空间更新控制指标结合广阳岛生态城的建设实际和未来发展需求，提出城市更新控制指标，既是城市治理、人民所需，也是传承文明、延续文化，践行满足人民日益增长的美好生活需要的“城市民生观”。

首次结合城市空间异质化发展的思考，构建生态城的指标体系。按照重庆广阳岛生态城生命共同体基底分区，划定“三线九区”，对城镇空间进行全面覆盖和管控，并根据国土空间规划的用地划分标准进行分类控制，制定了面向城市建设与管理的异质化管理与评价的指标体系。

首次以生态城指数衡量“两山论”实践价值的路径探索。探索了以GEP为核心价值的生态城指数，反映了城市空间“自然—经济—社会”复合生态系统的价值；践行了绿水青山就是金山银山的“绿色发展观”，打通了生态城指标交易、生态技术产业发展的政策路径和资金路径；策划了一系列可复制、可对标的产业系统，为广阳岛生态城未来可持续发展、奠定中国生态城标杆创造条件。

1.4 国内外生态城建设的实践探索

1.4.1 国内生态城建设的实践探索

1.4.1.1 中新天津生态城

中新天津生态城位于天津滨海新区范围内，是重要的国家战略发展区域，也是中新两国重要的战略合作项目，邻近天津港区、天津经济技术开发区和天津海滨休闲旅游区。中新天津生态城的建设愿景是达到人与人、人与经济活动以及人与环境和谐共存[10]，并在城市建设、城市交通、生态格局和能源利用等方面显示出创新性和可持续性，树立生态城建设典范。

中新天津生态城通过构建内部生态结构与区域生态格局的网络联系，形成了以水域为核心的辐射型和网络型生态格局[11]；绿色交通体系与土地利用紧密结合，提高生态城公共交通和慢行交通的出行比例，形成了低能耗、低污染、社会公平的生态城绿色交通模式[12]；树立节水的核心目标，促进水资源的优化配置和循环利用，构建安全、高效、健康的水系统，启动人工湿地等生态工程进行城内水环境修复，并纳入生态格局系统构建[13]；建立高效、安全和可持续的能源供应体系，制定政府能源政策和计划，通过提高能源利用效率、发展可再生能源来优化生态城内部能源结构[14]。通过借鉴国际和国内先进的生态城建设理念和成功经验，使天津生态城成为生态文明建设的重要载体和形象标志。

1.4.1.2 曹妃甸国际生态城

曹妃甸生态城位于河北唐山南部沿海，毗邻京津冀城市群，城市建设依托于曹妃甸工业区，是唐山产业布局向沿海推进的战略调整结果。曹妃甸生态城最明显的特征和优势是“面向大海有深槽，背靠陆地有滩涂”[15]，通过吸取瑞典“共生城市”的建设理念，在土地利用、能源利用、交通体系、生态建设等各个方面取得了突出成就[16]。

曹妃甸生态城构建了以公共交通和慢行系统为主导的土地利用模式，规划形成了以快速公交系统（BRT）和海上公交轮渡为主的多层次公共交通网络，实现公交分担率 60%，城市主要功能区沿交通干道两侧布置，保证公共交通和非机动交通的优先可达[17]；规划了外海、内海、内湖和城市毛细水网多水域连通的水生态格局，逐步完成对盐碱地的淡水涵养及绿色环境的生态修复目标，形成了“推窗见海”的优美景观[18]；在能源利用方面除了加强对太阳能、风能、地热能等可再生能源的利用外，还充分利用曹妃甸生态城的区位优势，通过利用农业有机染料及工业余热资源构建清洁能源结构及循环节约利用模式[19]；在不干扰原有生态敏感区的条件下改变地表径流量分布，加强地表透水性能，减少对地下水系统干扰[20]。

1.4.1.3 无锡太湖新城

中华人民共和国住房和城乡建设部将无锡太湖新城定义为“国家低碳生态城示范区”，2010 年 7 月签订了《共建“国家低碳生态城示范区——无锡太湖新城”合作框架协议》，建设目标是打造“中国一流、世界有影响力”的低碳精品生态工程、样板工程和示范工程[21]，并在用地布局、绿色交通、资源利用和绿色建筑等方面取得了突出成就。

太湖新城将商业、居住、办公等功能混合布局，提高了城市土地使用效率，并根据不同的功能混合模式制定了不同的建设用地容积率[22]；形成以慢行交通为特色的绿色交通模式，倡导绿色出行，确立了“公交+慢行”为主体的交通系统[23]；通过对自身资源条件、能耗水平以及可再生能源种类和利用现状进行多方位、多方面分析确定最佳的能源利用方案，并结合控规制定出生态城地块的能源指标，建立能源中心对能源使用模式进行创新探索[24]；并加强可再生能源、水资源、固体废弃物等方面资源的高效性和循环性利用[25]。

1.4.2 国外生态城建设的实践探索

1.4.2.1 英国贝丁顿生态城

英国贝丁顿生态城是世界上第一个零碳生态城，城区建设兴起于“一个地球生活”计划，旨在让可持续的居住方式在全世界流行，从而达到建设一个和谐世界的目标 [26]。社区是走向低碳生态研究和实践的重点区域，学者 Eva Heiskanen 等 [27] 提出应改变以往仅强调从低碳消费者的角度减排，而应建设、营造改变个体低碳行为的有利环境——低碳社区；具体应包括低碳消费模式 [28]、日常生活中的环境伦理构建 [29] 等方面，并促进从单独的行为变化到系统变化 [30, 31]，贝丁顿生态城是英国最大的零碳生态社区和零能耗发展项目，基本可以实现城区内居民生活的自给自足。

英国贝丁顿生态城社区通过使用城区内生产的可再生能源和树木废弃物的再生能源实现了生态城零能耗，建设组合热力发电站，通过燃烧树木废弃物发电，为城市居民提供生活用电 [32]；社区实现了太阳能发电设备全覆盖，满足居民自家用电需求；居住建筑选材来自于周围废旧建材的回收，在建筑通风方面也采用了零能耗的自然通风系统，实现了室内外空气的良性循环。

在政府的鼓励资助下，英国贝丁顿生态城实现了“零能耗”的目标，同时也产生了良好的经济效益和社会效益，高密度的规划建设提高了土地价值，带来了 20.88 万英镑的收入增值，并且每年减少二氧化碳排放 147.7 吨，节水 1025 吨 [33]。

1.4.2.2 澳大利亚哈利法克斯生态城

哈利法克斯生态城位于南澳大利亚的首府阿德雷德的原工业区，占地面积约为 2.4 公顷 [34]，是一个以低碳建设为特色、并将现有的城市生活和设施联系起来的混合型社区 [35]。哈利法克斯生态城采用“社区驱动”的生态开发模式 [36]，使社区居民可以参与生态城规划、设计、建设和维护管理的全过程。

哈利法克斯生态城诞生了世界上第一份“城市生态清单” [37]，在恢复土地退化、还原生物区、平衡开发强度和土地承载力关系、城市蔓延增长、能源利用、经济发展和社区建设、社会平等、城市历史文化等方面都提出了切合实际的生态策略 [38]，这份“城市生态清单”揭示了哈利法克斯生态城相对于阿德雷德市建成环境的变化程度。哈利法克斯生态城完整的“生态城市”思想内涵还包括与城市相平衡的乡村，城市开发着手于乡村和城市两方面的恢复，退化的乡村土地将被购买或划入整个开发的范围促进其生态恢复[39]。

1.4.2.3 日本北九州生态城

日本北九州市位于九州地区的北边，面积为 485 平方公里，曾经是日本最重要的重工业基地，在钢铁和制造业方面为北九州的发展繁荣做出了重大贡献，经济快速发展却带来了严重污染问题。为了缓解环境问题，北九州市开展生态城镇项目，具体的政策是实施“3R”措施，即减排、再利用和循环利用[40]，将北九州从过去的重工业城市转型成为环境产业城市，打造成环境治理“样板城”。由于资源和土地的稀缺，无法满足资源消耗型的经济发展模式，土地稀缺也不可能长期提供土地用于垃圾填埋，因此减少废弃物产生以及实现废弃物的循环利用是北九州市的重要任务。

北九州生态城建设的宗旨就是通过对废弃物的再利用，将一个产业或企业的废弃物变成另外一个产业或企业的原材料，实现零废弃物的城市发展目标[42]，即促进环保、循环产业的发展和创新，使循环经济和产业成为北九州市的新产业；通过企业、商收、地方政府和消费者以及本地居民之间的大力协作，建立一个物质循环利用的社会[43]。

北九州市 2008 年 7 月选定为环境模范城市，2011 年 12 月又选定为环境未来都市[44]，实施对应环境问题、对应高龄化社会、展开国际环境商务的远景规划，最终实现经济、社会、环境三方面可持续发展的战略[45]。

1.4.3 生态城建设的实践经验与发展趋势

1.4.3.1 和谐性

和谐性是指具有差异性的不同事物之间的共生与共存特性。生态城建设追求的和谐性是指人类活动下的城市建设与自然生态保护和谐共生的发展局面，和谐的生态城就是要追求一种经济增长、城市发展、生态保护及人文意蕴的整体和谐发展，生态城是自然主义与理想主义的融合[46]。

作为新时代城市发展模式的新探索，重庆广阳岛生态城打造的和谐性表现为要以实现人、城、境、业高度和谐统一的现代化城市为发展目的，是农耕文明、工业文明和生态文明交相辉映的城市发展新模式。生态城突出生态文明引领下的发展观，引领功能产业、资源利用、文化景观、生活服务等各方面协调发展，形成“绿色 +”的新发展框架，从而实现绿色空间和公共空间更多、城市格局更加优化、公共服务更加均衡、城市功能更加开放、城市形态更加优美、城乡更加融合、产业更加绿色，最终形成人与自然、人与城市、自然与城市和谐发展的良好局面。

1.4.3.2 高效性

城市是我国政治、经济、文化等方面活动的中心，作为一个人类群体高度密集的居住地，本身具有较高的运行效率。我国目前正处于城镇化的快速发展阶段，城市的发展和建设成为带动我国经济发展的重要支撑。高效性也是城市生态化建设的基本特性之一，生态城作为新时期城市发展与建设的新模式，其本身具有低能耗、低排放、高效率的显著特征。

生态城以绿色发展理念为指导，以推进绿色产业发展为战略，以科技引领推动产业结构与经济增长方式变革，同时构建以企业为主体、市场为导向、产学研用深度融合的绿色技术创新体系，提升科技创新投入比例，推动新经济与传统产业深度融合，并鼓励发展综合利用、循环经济和环境友好型的绿色产业。因此，生态城的发展模式是集经济增长、城市建设、资源循环利用、绿色技术发展、产业结构调整、公共服务完善等为一体的高效活力运转系统。

1.4.3.3 系统性

系统是指由不同组成要素构成的具有特定结构和功能的整体。生态城的系统性主要体现在用系统性的思维指导生态城的发展与建设。习近平总书记强调：“城市工作是一个系统工程”[46]。城市是生产、生活、生态三大环节之间相互配合的复杂网络，需要从构成城市诸多要素、结构、功能等方面入手，对事关城市发展的重大问题进行深入研究和周密部署，系统推进各方面工作。

生态城的建设表现出突出的系统性特质，能够较好地处理经济发展与环境保护的关系，协调城市资源的合理配置并兼顾不同利益诉求。重庆广阳岛生态城的系统性重点突出在生态城“公”的基础上，充分发挥重庆广阳岛地区的生态本底和文化底蕴的独特优势，把城市发展、人的全面发展、自然生态延续作为一个系统的整体来认识和构建，满足人民群众对美好生活的新期待，成为经济繁荣、人文丰富、社会和谐、生态平衡的共商、共建、共治、共享、共荣的人类聚落。

1.4.3.4 人民性

以人民为中心的发展理念是生态城建设的核心，突出生态城的公共性和共享性，做到共商、共建、共治、共享、共融，突出人民属性、突出"服务所有人"的特质，力争满足各类人群的个性化需求。良好的生态环境日渐成为人民追求生活质量的重要内容，环境因素在群众生活幸福指数中的地位不断提升，人民群众希望呼吸的空气能更新鲜一点，流淌的河水能更清澈一点，城市的绿地能更多一点[47]。

生态与城市的交集是人，并且要达到的目标都是更好地为人服务，人是生态城的主体，而生态城核心的建设规划理念就是以人为本，因此人民日益增长的生态诉求能够在生态城的不断发展与完善中得到满足。重庆广阳岛生态城全面体现了新时代城市发展理念下的人民诉求，使良好生态环境成为普惠民生的福祉，让全体人民在共建、共享发展中有更多获得感。

1.4.3.5 休闲性

休闲是人的基本权利之一[48]。19世纪下半期，马克思把闲暇时间同提高劳动者的智力和体力、满足社会交往的需要，从而使个人的个性得到全面发展联系起来，为闲暇问题的研究提供了重要理论思想。世界《休闲宪章》指出：休闲是每个人的基本权利，个体应该提升休闲体验，政府应该重视国民的休闲活动[49]。随着物质文明的飞速发展，人类社会对于精神层面的追求与日俱增，尤其是在科学技术分担了人类部分劳动，使普通居民拥有更多的闲暇时间之后。随着后工业化时代到来，人口集聚的城市已经不再仅仅是满足人们居住、交通和生产的主要场所，休闲逐渐成为城市的基本功能，用以满足旅游者和当地居民的游憩和休闲需求。

生态城是建立在生态文明基础上的城市发展新模式，它让城市的休闲性特征得到前所未有的提升。传统的工业化城市追求的是经济产出的效益，追求经济最大化、人口快速向城市集聚等结果，导致工业化城市不可能把休闲性作为城市发展的重点考虑。生态城的核心建设理念是把城市放在大自然中，把绿水青山留给城市居民，休闲性成为生态城的重要特性，并在城市生活中发挥重要的作用与功能。休闲会更加充分地发挥人的能动力和创造力，构造城市与自然、文化共生的文明环境，使城市更加宜居、宜业、宜交流。

本章参考文献

[1] 祝黄河，邱向军. 深刻认识和科学把握中国特色社会主义事业“五位一体”总体布局 [J]. 求实，2013（07）：60-63.

[2] 杨朝霞. 生态兴则文明兴 [N]. 中国绿色时报，2015-01-20（A03）.

[3] 翁智雄，马忠玉，朱斌，等.“绿水青山就是金山银山”思想的浙江实践创新 [J]. 环境保护，2018，046（009）：53-57.

[4] 本刊编辑部. 李克强：把良好生态环境作为公共产品向全民提供 [J]. 环球市场信息导报，2014（29）：8-9.

[5] 潘家华，黄承梁，李萌. 系统把握新时代生态文明建设基本方略——对党的十九大报告关于生态文明建设精神的解读 [J]. 环境经济，2017（20）：68-73.

[6] 盛来运. 建设现代化经济体系 推动经济高质量发展——转向高质量发展阶段是新时代我国经济发展的基本特征 [J]. 求是，2018（1）：50-52.

[7] 焦思颖. 构建“多规合一”的国土空间规划体系——《中共中央国务院关于建立国土空间规划体系并监督实施的若干意见》解读（上）[J]. 自然资源通讯，2019（011）：14-16.

[8] 苏鹏海，刘苗. 城市更新阶段产业升级实践探究——以深圳市为例 [A]// 中国城市规划学会、贵阳市人民政府. 新常态：传承与变革——2015 中国城市规划年会论文集（11 规划实施与管理）[C]. 中国城市规划学会，贵阳市人民政府：中国城市规划学会，2015：11.

[9] 吴闽. 城市更新下伦理价值的再思考 [J]. 建筑与文化，2019，181（04）：13.

[10] 蔺雪峰. 中新天津生态城：低碳发展新模式 [J]. 建设科技，2009（15）：21-23.

[11] 李超，刘卉. 基于用地适宜性分析的城市生态空间布局研究——以中新天津生态城为例 [C]// 2015 年中国环境科学学会学术年会，2015.

[12] 张启. 城市生态交通系统规划建设评估研究——以中新天津生态城为例 [D]. 北京：北京交通大学，2017.

[13] 徐僖. 中新天津生态城水资源优化配置与分质供水规划 [D]. 天津：天津大学，2012.

[14] 王力，杨洪茂，李以通. 中新天津生态城能源管理平台建设与运行实践——国内首个城市级综合能源管理平台应用案例 [J]. 建筑节能，2018，046（002）：135-138.

[15] 朱大奎．唐山曹妃甸工业区建设对海岸海洋生态影响与预测研究 [M]．南京：南京大学出版社，2012.
[16] 瑞典 SWECO 集团．共生城市理念 [J]．住区，2015（01）：35-37.
[17] 刘小波，尤尔金姆 · 阿克斯．曹妃甸生态城交通和土地利用整合规划 [J]．世界建筑，2009（06）：44-55.
[18] 谭英，戴安娜 · 米勒 - 达雪，彼得 · 乌尔曼．曹妃甸生态城的生态循环模型——能源、水和垃圾 [J]．世界建筑，2009（06）：66-75.
[19] 陈北领．生态城能源系统规划——以曹妃甸新城为例 [A]// 中国城市科学研究会、广西壮族自治区住房和城乡建设厅、广西壮族自治区桂林市人民政府、中国城市规划学会．2012 城市发展与规划大会论文集 [C]．中国城市科学研究会，广西壮族自治区住房和城乡建设厅，广西壮族自治区桂林市人民政府，中国城市规划学会：中国城市科学研究会，2012：7.
[20] 马提亚斯 · 奥格连，丁利．曹妃甸生态城的公共空间及水系和绿化 [J]．世界建筑，2009（06）：56-65.
[21] 徐振强，李嘉宁．无锡太湖新城低碳发展模式及效益 [J]．城乡建设，2014，02（2）：39-39.
[22] 廖举鹏．无锡太湖新城低碳生态城建设的挑战与思考 [D]．上海：复旦大学，2014.
[23] 肖飞，黄洁．宜居城目标下的交通宁静化实施策略——以无锡市太湖新城为例 [A]// 中国城市规划学会，南京市政府．转型与重构——2011 中国城市规划年会论文集 [C]．中国城市规划学会，南京市政府：中国城市规划学会，2011：8.
[24] 毕波．城市规划中可再生能源利用指标的思考 [J]．江苏城市规划，2016，000（007）：41-42.
[25] 魏自浩．低碳生态城市新区规划策略研究——以无锡太湖新城为例 [D]．济南，山东大学，2016.
[26] 郑伊天．探究低碳经济的理论基础及发展理念——以英国贝丁顿低碳社区建设为例 [J]．低碳世界，2016，000（032）：233-234.
[27] Heiskanen E，Johnson M，Robinson S，et al. Low-carbon communities as a context for individual behavioural change[J]．Energy Policy，2010，38（12）：7586-7595.
[28] 杜丽岩．试论低碳消费模式的构建 [J]．商业时代，2011（3）：23-24.
[29] 姚晓娜．低碳生活：日常生活的环境伦理建构——以日常生活批判为视角 [J]．学习与探索，2011（1）：15-17.
[30] AKS，BYT，CKG，et al. Developing a long-term local society design methodology towards a low-carbon economy：An application to Shiga Prefecture in Japan[J]．Energy Policy，2007，35（9）：4688-4703.
[31] Moloney S，Horne R E，Fien J.Transitioning to low carbon communities-form behaviour change to systemic change：lessons form Australia[J].

Energy Policy，2010，(12)：7614-7623.

[32] 汪耀．走向新时代的生态零排放社区——英国 BedZED 零能耗发展项目探究 [J]. 中外企业家，2013 (35)：165-166.

[33] 郭磊．低碳生态城市案例介绍（三十二）：伦敦贝丁顿零碳社区建设（中）[J]．城市规划通讯，2014 (4)：17-17.

[34] 低碳生态城市案例介绍（十七）：澳大利亚哈利法克斯：提出“社区驱动”的生态开发模式（上）[J]．城市规划通讯，2012 (22)：17.

[35] Ede，Sharon. Beyond sustainable cities：the Halifax Ecocity Project[J]. 1996.

[36] Yong B C. The Development Principles and Planning of Halifax Ecopolis[J]. Urban Planning Overseas，2001.

[37] 陈勇．哈利法克斯生态城开发模式及规划 [J]．国外城市规划，2001 (03)：39-42+1.

[38] 低碳生态城市案例介绍（十七）：澳大利亚哈利法克斯：提出“社区驱动”的生态开发模式（下）[J]．城市规划通讯，2012 (23)：17.

[39] Won-Kyu P，Kyu-In L，Soo-Ho O，et al. A Study on the Planning Guidelines for the Sustainable Development in Human Settlements by Case Study[J]. Journal of Korea Planning Association，1998，33.

[40] 低碳生态城市案例介绍（一）：日本北九州生态城 [J]．城市规划通讯，2011 (08)：20.

[41] 景芳．废物管理始于回收利用北九州生态城的故事 [J]．人类居住，2015，(001)：58-59.

[42] 肖鹏程．日本北九州生态城发展循环经济的经验及启示 [J]．西南科技大学学报（哲学社会科学版），2010，27 (01)：29-34.

[43] 杨雪锋．公园城市的理论与实践研究 [J]．中国名城，2018 (5)：36-40.

[44] 李前喜．日本低碳城市构建状况研究 [J]．低碳世界，2018 (09)：131-133.

[45] 北九州市．北九州市地球温暖化対策実行計画・環境モデル都市行動計画．平成 28 年 8 月 .

[46] 2015 年 12 月 20 日，中共中央总书记、国家主席、中央军委主席习近平在中央城市工作会议上的重要讲话。

[47] 赵建军，胡春立．党的十八大以来我国生态文明建设成就卓著 [N]．中国社会科学报，2017-08-22 (001)。

[48] 张广瑞，宋瑞．关于休闲的研究 [J]．社会科学家，2001 (05)：17-20.

[49] 江明，吴震阳．城市发展中的休闲理念及建设规划 [J]．同济大学学报（社会科学版），2004 (05)：7-11.

第 2 章

生态文明思想指导下的生态城概念和核心要义

2.1 生态城的时代使命与区域责任

2.1.1 生态城的时代使命

中国特色社会主义进入新时代，我国社会主要矛盾已经转化为人民日益增长的美好生活需要和不平衡不充分的发展之间的矛盾，人民对优美生态环境的需要已成为这一矛盾的关键点[1]。习近平生态文明思想顺应人民意愿，将生态环境提升到关系党的使命宗旨的重大政治问题、关系民生的重大社会问题的战略高度[2]，并对生态文明建设的总体思路、重大原则、方法路径以及当前任务做出了科学谋划和部署，为加强生态环境保护、持续改善生态环境质量提供了实践指南。在这一思想指引下，我国生态环境保护从认识到实践发生历史性、转折性、全局性变化，生态环境质量持续改善，人民群众获得感、幸福感、安全感显著增强，一幅青山常在、绿水长流、空气常新的美丽中国画卷正逐步展现在世人面前[3]。

从人民需求的角度来看，无论是国外还是国内的众多城市，各种各样的城市病是普遍存在的，例如，在我国六百多个大中型城市中，有四百多个缺水城市，一百多个严重缺水城市[4]，携带着诸如此类与人们生活息息相关的弊病的城市发展模式迟早要被淘汰或者更新。习近平总书记在上海考察时提出了“人民城市为人民”，明确回应了新时代人民群众对美好生活的向往，为推进人民城市建设提供了根本遵循[5]。重庆广阳岛生态城建设正是回应了人民的需求，按照习近平生态文明思想和人民最真实的需求打造生态城，致力于解决城市存在的诸多问题。

到目前为止，国内外城市就城市发展都进行过一系列的尝试性探索，并且国内对城市发展的理念一直在不断更新，逐渐体现出可持续发展的内涵。但是受限于理论的发展，之前的城市发展探索都或多或少地暴露了一定程度的盲目性和不系统性[6]。相比之下，重庆广阳岛生态城是在习近平生态文明思想已经成熟的背景下，有的放矢地开展具体的规划建设。此外，从生态文明思想对生态城建设的需求角度来说，我国的生态文明思想体系已经成熟、成型，需要有合适的场景对其进行生动的实践建设展示。

2.1.2 生态城的区域责任

2019 年 4 月 15 日～17 日，习近平总书记视察重庆时指出，“希望重庆努力在推进新时代西部大开发中发挥支撑作用，在推进长江经济带绿色发展中发挥示范作用，希望重庆更加注重‘从全局谋划一域、以一域服务全局’的战略思想”[7]。2019 年 6 月 18 日，在第一届“一带一路”国际合作高峰论坛上，习近平总书记发表了重要讲话，讲话中提出“重庆作为中国西部唯一的直辖市，是国家西部地区重要的经济开放前沿城市，在推进共建‘一带一路’中应发挥带动作用”[8]。2020 年 1 月 13 日，陈敏尔书记在第五届人大三次会议上强调，抓住战略机遇，强化责任担当，在建设成渝地区双城经济圈中展现新作为，通过加强顶层设计，优化空间布局，促进战略协同、政策衔接和工作对接，引领推动成渝地区双城经济圈建设[9]。2020 年 5 月 17 日，《中共中央国务院关于新时代推进西部大开发形成新格局的指导意见》再次提高了重庆的城市定位——国际门户枢纽城市[10]，重庆广阳岛生态城的建设对于实现门户枢纽城市格局优化、公共服务均衡、城市形态优美、产业绿色具有重要的作用。

从区域视角来看，重庆广阳岛生态城作为生态文明建设的具体实践，其落实建成能够在国际上体现生态文明的重要价值和地位；从执政党角度来看，把生态文明作为党的执政理念写进党章的，目前全球只有中国共产党；从国家治理角度来看，在世界两百多个主权国家中，将生态文明作为国家发展战略写进宪法的，目前全球只有中国[11]。我国生态文明建设的力度与成效在整个世界层面都是创先举旗帜、独一无二的。在此基础上，摆在我们面前的一个关键问题是要让世界看到我国不仅在理论层面提出了生态文明的发展战略和理念，更要用具体的实践和落地的案例来呈现出生态文明建设的现实进度，这在世界范围内都意义非凡。

重庆作为“一带一路”重点城市、国际门户枢纽城市，在这里率先打造生态城，对于展示我国生态文明建设的风采具有重要意义。从全国发展来看，是要把重庆广阳岛生态城打造成全国生态文明建设中的示范城市，要对全国城市更新发展发挥引领和典范作用，以期成为中国未来城市发展的样板；从区域发展来看，是要把重庆广阳岛生态城打造成长江经济带上生态文明建设的新标杆，充分展现出人与自然协调融合的生态城；从重庆地区发展来看，是要把重庆广阳岛生态城定为重庆未来发展新的增长点，这个新的增长点不仅仅是在经济层面上，而且是经济、科技、人文、环境系统协调发展的新增长点。

2.2 四十年积淀、新时代升华：时代要求下的生态城概念推演

2.2.1 既往生态城理论依据解析

从工业革命开始，伴随生产的进步和消费模式的变革，人类对自然改造的能力和索取的程度也在不断扩大[12]。时至当代，这种近乎掠夺式的发展模式造成了对自然生态和环境的严重污染和破坏[13]。这些问题早已引起有识之士的关注，而问题产生较为集中之地——城市，也成为被广泛关注和研究的热点。

20 世纪 80 年代初，我国著名生态学家马世俊、王如松等中国生态学家在总结整体、协调、循环、自生为核心的生态控制论原理的基础上，提出了社会—经济—自然复合生态系统的理论，指出可持续发展问题的实质是以人为主体的生命、栖息劳作环境、物质生产环境和社会文化环境的协调发展，它们在一起构成社会—经济—自然复合生态系统，并且三个系统间具有互为因果的制约与互补的关系。此外，他们又对三个系统进行了初步再分和细化，并解释了复合生态系统的构成[14]（图 2-1）。

随后，马世骏又调整了复合生态系统的结构，认为其内核是人类社会，包括组织机构与管理、思想文化、科技教育和政策法令，是复合生态系统的控制部分；中圈是人类活动的直接环境，包括自然地理、人为和生物的环境，它是人类活动的基质，也是复合生态系统的基础，常有一定的边界和空间位置；外层是作为复合生态系统外部环境的“库”（包括提供复合生态系统的物质、能量和信息），提供资金和人力的“源”，接纳该系统输出的“汇”以及沉陷存储物质、能量和信息的“槽”。其中，“库”无确定的边界和空间位置，仅代表“源”“槽”“汇”的影响

范围[15]（图 2-2）。

王如松随后就城市对复合生态系统进行了改进，明确提出了城市是一个以人类行为为主导、自然生态系统为依托、生态过程所驱动的社会—经济—自然复合生态系统。其自然子系统包括水、生、气、土、矿五部分；经济子系统包括生产、消费、还原、流通和调控五个部分；社会子系统包括技术、体制和文化。城市可持续发展的关键是辨识与综合三个子系统在时间、空间、过程、结构和功能层面的耦合关系[16]

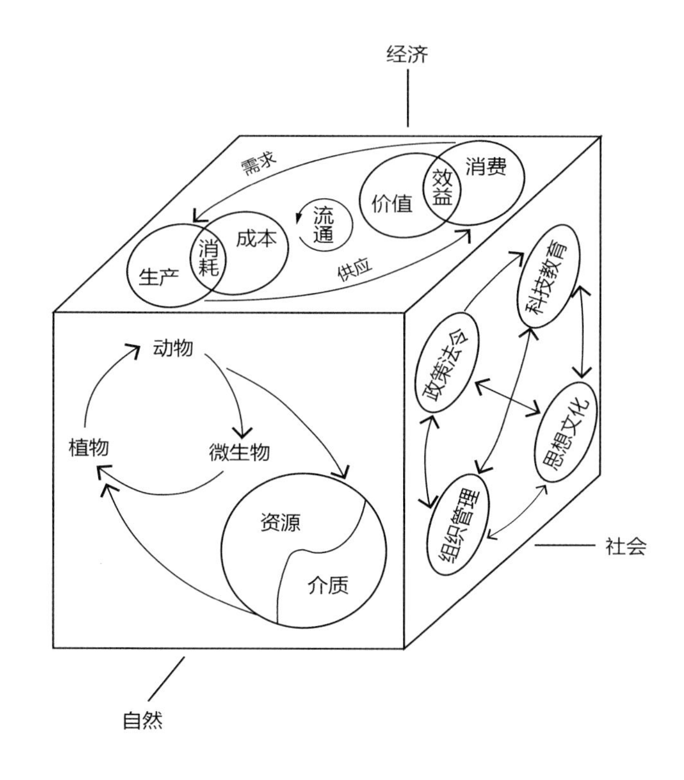

图 2-1　复合生态系统示意图[14]

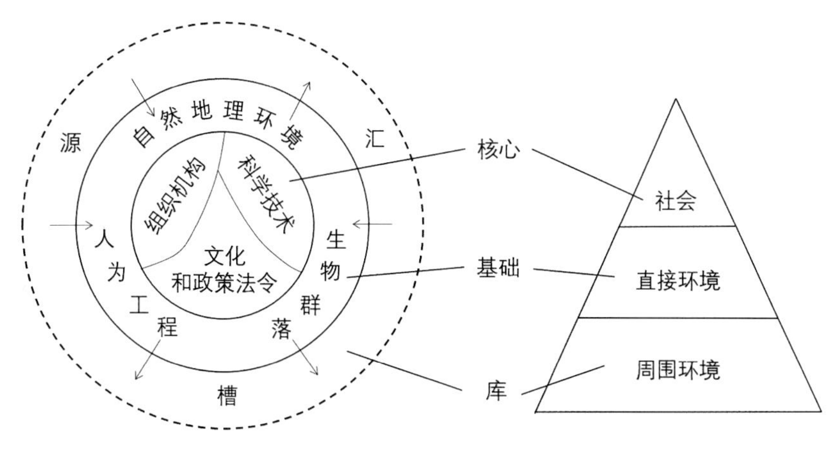

图 2-2　复合生态系统示意图[14]

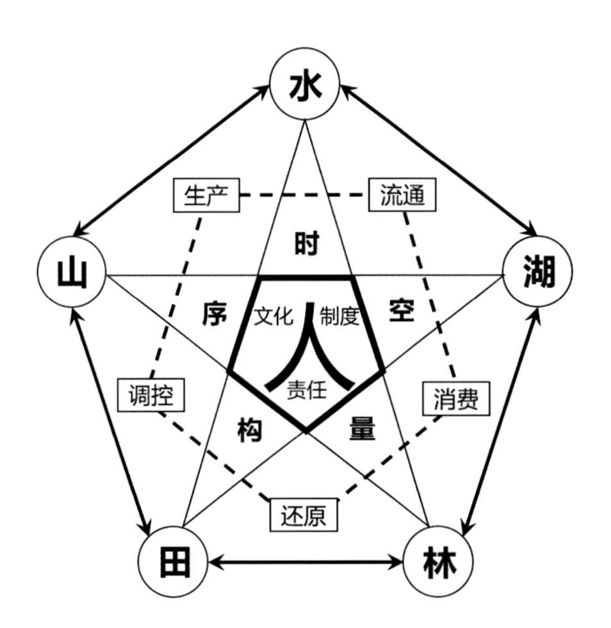

图 2-3　复合生态系统示意图 [14]

（图 2-3）。马世骏和王如松对复合生态系统的研究，极大地促进了生态城市与复合生态系统理论的交融。

这种基于人类活动的总体特征对复合生态系统所进行的社会、经济和自然的广义划分，对唤起生态文明意识具有很强的理论指导意义 [17]。但另一方面，这种广义的理论模型还停留在单一系统的阶段，缺乏对系统的开放性和对系统内不同地域和层次的复合生态系统关系的解析和表达 [18]。此外，社会、经济和自然并非是对等和并列的三个范畴，其子系统间（尤其是社会与经济之间）存在着明显的重叠和交叉，因而这种广义的理论模型在传统学科体系中的应用性和实践性存在着明显的不足。

2.2.2 生态文明理论对生态城概念的加持

党的十八大以来，以习近平总书记为核心的党中央高度重视社会主义生态文明建设，坚持把生态文明建设作为统筹推进“五位一体”总体布局和协调推进“四个全面”战略布局的重要内容 [19]，坚持节约资源和保护环境的基本国策，坚持绿色发展，把生态文明建设融入经济建设、政治建设、文化建设、社会建设各方面和全过程 [20]，加大生态环境保护建设力度，在重点突破中实现生态文明建设整体推进（图 2-4、图 2-5）。我国生态环境保护正是在以习近平为核心的党中央的坚强领导下，发生了历史性、转折性、全局性变化。

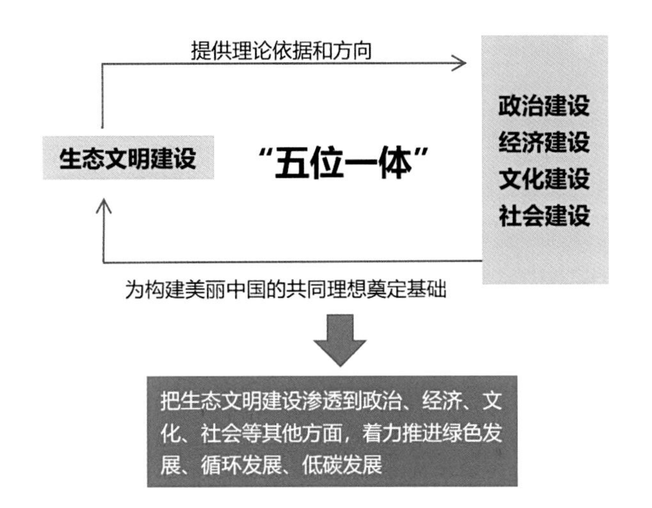

图 2-4　生态文明建设与政治、经济、文化和社会建设的关系

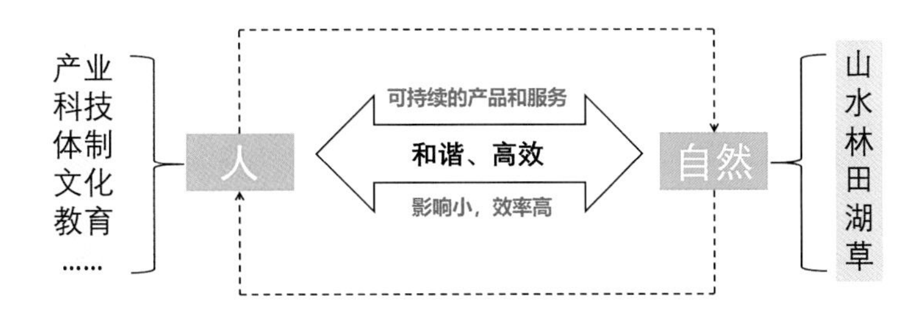

图 2-5　人与自然和谐共生

“生态城”是新时代习近平中国特色社会主义思想指引下的新的城市发展理论，其与“两山”理论、人与自然和谐共生理论、山水林田湖草生命共同体理论等是一脉相承的，都是习近平生态文明思想的重要组成部分，是习近平新时代中国特色社会主义思想的综合体现。

2.2.2.1 习近平生态文明思想“八观”

习近平生态文明思想深刻回答了为什么建设生态文明、建设什么样的生态文明、怎样建设生态文明的重大理论和实践问题[1]。在全国生态环境保护大会上，习近平总书记提出了推进生态文明建设的六项重要原则，展现了习近平生态文明思想的丰富内涵，集中体现为“生态兴则文明兴”的深邃历史观、“人与自然和谐共生”的科学自然观、“绿水青山就是金山银山”的绿色发展观、“良好生态环境是最普惠的民生福祉”的基本民生观、“山水林田湖草是生命共同体”的整体系统观、“实行最严格生态环境保护制度”的严密法治观、“共同建设美丽中国”的全民行动观、“共谋全球生态文明建设之路”的共赢全球观[21]。

（1）“生态兴则文明兴”的深邃历史观

生态文明建设是中华民族永续发展的根本大计[22]。无论从世界还是从中华民族的文明历史看，生态环境的变化直接影响文明的兴衰演替。必须坚持节约资源和保护环境的基本国策，坚定走生产发展、生活富裕、生态良好的文明发展道路，为中华民族永续发展留下根基，为子孙后代留下天蓝、地绿、水净的美好家园。

（2）“人与自然和谐共生”的科学自然观

人与自然是生命共同体。人类只有遵循自然规律才能有效防止在开发利用自然上走弯路，人类对大自然的伤害最终会伤及人类自身，这是无法抗拒的规律。必须坚持节约优先、保护优先、自然恢复为主的方针，像保护眼睛一样保护生态环境，像对待生命一样对待生态环境，推动形成人与自然和谐发展的现代化建设新格局[23]，还自然以宁静、和谐、美丽。

（3）“绿水青山就是金山银山”的绿色发展观

保护生态环境就是保护生产力，改善生态环境就是发展生产力[24]。绿水青山既是自然财富、生态财富，又是社会财富、经济财富。保护生态就是保护自然价值和增值自然资本，就是保护经济社会发展潜力和后劲。必须树立和贯彻新发展理念，平衡处理好发展与保护的关系，推动形成绿色发展方式和生活方式，努力实现经济社会发展和生态环境保护协同共进。

（4）“良好生态环境是最普惠的民生福祉”的基本民生观

环境就是民生，青山就是美丽，蓝天也是幸福。随着我国社会生产力水平明显提高和人民生活显著改善，人民群众期盼享有更优美的环境。必须坚持以人民为中心的发展思想，坚持生态惠民、生态利民、生态为民，着力解决损害群众健康的突出环境问题[25]，还老百姓蓝天白云、繁星闪烁，清水绿岸、鱼翔浅底，鸟语花香、田园风光。

（5）“山水林田湖草是生命共同体”的整体系统观

生态是统一的自然系统，是相互依存、紧密联系的有机链条。人的命脉在田，田的命脉在水，水的命脉在山，山的命脉在土，土的命脉在林和草[26]。必须按照生态系统的整体性、系统性及内在规律，统筹考虑自然生态各要素、山上山下、地上地下、陆地海洋以及流域上下游，进行整体保护、宏观管控、综合治理，全方位、全地域、全过程开展生态文明建设，增强生态系统循环能力，维护生态平衡。

（6）“实行最严格生态环境保护制度”的严密法治观

在生态环境保护问题上，就是不能越雷池一步，否则就应该受到惩罚。必须按照源头严防、过程严管、后果严惩的思路，构建产权清晰、多元参与、激励约束并重、系统完整的生态文明制度体系，建立有效约束开发行为和促进绿色发展、循环发展、低碳发展的生态文明法律体系，让制度成为刚性的约束和不可触碰的高压线[27]。

（7）“共同建设美丽中国”的全民行动观

美丽中国是人民群众共同参与、共同建设、共同享有的事业[28]。必须加强生态文明宣传教育，强化公民环境意识，推动形成简约适度、绿色低碳、文明健康的生活方式和消费模式，促使人们从意识向意愿转变，从抱怨向行动转变，以行动促进认识提升，知行合一，把建设美丽中国转化为全民自觉行动。

（8）“共谋全球生态文明建设之路”的共赢全球观

人类是命运共同体，建设绿色家园是人类的共同梦想，生态危机、环境危机成为全球挑战，没有哪个国家可以置身事外，独善其身[29]。必须深度参与全球环境治理，形成世界环境保护和可持续发展的解决方案，引导应对气候变化国际合作，推动构筑尊崇自然、绿色发展的生态体系，保护好人类赖以生存的地球家园。

2.2.2.2 生态文明城市发展观

（1）“生态兴则文明兴”的城市文明观

“生态兴则文明兴，生态衰则文明衰”是习近平总书记关于生态文明的著名论断，既是对文明变迁的历史反思，也是对当今世界的现实观照，体现出了全球视野和人文关怀[30]。古往今来，自然生态与人类文明之间具有密不可分的联系，一方面，良好的生态环境是人类文明发展的基础和条件；另一方面，生态环境的破坏会影响人类文明的发展，甚至会威胁人类的生存。世界的四大文明古国——古巴比伦、古埃及、古印度和中国，都是诞生于水源充足、生态环境良好的地域，如今只有中国还屹立在原有的地址上，其他三个文明都因为生态环境的破坏而导致了文明衰落或者文明中心的转移[31]。

工业革命之后，越来越先进的科学技术虽然创造了足够的物质财富，极大地改善了人们的生活，却也导致了全球变暖、海平面上升、污染猖獗等问题，使得地球对于人类来说越来越不适宜居住。针对工业文明和城市发展产生的各种问题，习近平总书记提出了“生态兴则文明兴，生态衰则文明衰”的论断，指出生态环境保护是功在当代、利在千秋的事业，要清晰认识保护生态环境、治理环境污染的紧迫性和艰巨性，以对人民群众、对子孙后代高度负责的态度和责任创造出良好的生产生活环境，这是对人类文明发展规律、自然规律、经济社会发展规律的认识，是中国共产党人带给中国、带给世界的一个历史性贡献。这一理论不仅仅适用于一个文明，对于一个国家或者一个城市都同样适用。生态是城市能够可持续发展的核心，保持生态平衡、维持良好的城市环境是城市经济社会发展的基础和前提[32]。

生态城以生态良好、城市宜居的生态文明理念为出发点，目的就是解决城市化和工业化过程中的城市环境问题，实现城市的可持续发展。生态城建设是体现生态价值的城市规划与建设，是在尊重原有生态系统的基础上的城市规划，是以建设良好的城市生态环境为目标的设计，打造优质的生态环境为生态城文明的发展奠定基础[33]。生态城作为一种新的城市建设模式，在新的发展观上强调在城市发展的过程中确立生态环境在生态城建设中的重要地位，敬畏自然、尊重自然规律，像保护眼睛一样保护生态环境，像对待生命一样对待生态环境，充分发挥绿水青山的生态效益，为人类的生存提供最基本的生态保障。

（2）“把绿水青山保留给城市居民”的城市发展观

过去的城市发展中，大多数城市选择了不断扩张的方式发展工业化和城市化。这种方式不仅破坏了城市原有的生态系统，造成了严重的环境问题，更是影响到了人们的生活质量。在 2013 年 12 月的中央城镇化工作会议上，习近平总书记强调尽快把每个城市特别是特大城市开发边界划定，把城市放在大自然中，把绿水青山保留给城市居民[34]。工业文明尽管具有历史的合理性，但它却忽略了自然承受能力的限度，这种发展的结果一方面是“金山银山”的堆积，另一方面是绿水青山的逍遁。更为令人担忧的是，“金山银山”的背后是剩水残山，甚至是恶水穷山、毒水污山，最终我们不得不失去赖以栖息的家园。

（3）“满足人民日益增长的美好生活需要”的城市民生观

人类的需求从性质来看大概可以分为三个层次：第一层次是物质性需要，指的是保暖、饮食、种族繁衍等生存需要，这是人类最基本的需要；第二层次是社会性需要，它是在物质性需要基础上形成的，主要包括社会安全的需要、社会保障的需要、社会公正的需要等；第三层次是心理性需要，指的是由于心理需求而形成的精神文化需要，比如价值观、伦理道德、民族精神、理想信念、艺术审美、获得尊重、自我实现、追求信仰等[35]。随着我国温饱问题解决、人民生活水平的不断提高之后，我国社会主要矛盾已经转化为人民日益增长的美好生活需要和不平衡不充分的发展之间的矛盾，人们开始越来越多地追求社会性和心理性需要，例如更可靠的社会保障、更丰富的文化生活、更优美的环境、更舒适的居住条件等。

习近平总书记在党的十九大报告中强调，为了满足人民在新时代的新需要，在城市建设方面，要建立起“满足人民日益增长的美好生活需要”的城市民生观，突破原有的仅满足人民基本生活需要的局限，把良好的生态环境、优美的城市形态等纳入未来的建设目标之中，保证人民群众在和谐、美丽、舒适、有序的生态空间中生存发展[36]。生态城建设应从传统的经济导向转为人本导向，着重关注给居民提供良好的生态环境和更适宜居住的条件。生态城突出“共”字，做到共商、共建、共治、共享、共融；突出人民属性，以人民的获得感和幸福感为根本出发点；突出“服务所有人”，力争满足各类人群的个性化需求。

（4）“历史文化是城市的灵魂”的城市人文观

在中国的各个城市中，我们随处可见如下的场景：街道上密密麻麻的汽车、大大小小的工地昼夜不停地施工、越来越多的硬覆盖已经远远大于以植被为主的软覆盖等，这些使城市成了远离自然的“孤岛”。除了自然生态的缺失之外，城市的建筑越来越密，生活空间变得拥挤，居住质量逐渐下降。而从文化的角度看，“千城一面”导致城市记忆断代、城市精神衰落、地域文化消失等现象层出不穷。习近平总书记曾讲道：“当高楼大厦在我国大地上遍地林立时，中华民族精神的大厦也应该巍然耸立；在城市建设开发时，应注意吸收传统建筑的语言，保持城市的个性”[37]。2014 年 2 月，习近平总书记在北京东城区考察玉河历史文化风貌时说：“历史文化是城市的灵魂，要像爱惜自己的生命一样保护好城市历史文化遗产”[38]。一座城市，不应该是“千城一面”，而应该保护自然景观，传承历史文化，形态多样丰富，保持特色风貌。

生态城作为新型城市建设模式，超越了原来“生态城市”“绿色城市”的要求，除了对生态的保护以外还格外关注人文的传承，不仅是解决城市居民看不见山、望不见水的重要措施，也是传承城市文化的重要形式。另外，要让人文记忆和传统文化产业更加精细化，通过产业化升级让人文记忆真正活起来，充满生机活力，在这个过程中，城市的居民走出拥挤的街道，走入大自然并与之互动，自然也就更具文化活力了。

（5）“践行绿色生活方式”的城市生活观

我国人口众多，资源禀赋不足，环境承载力有限。近年来，随着经济较快发展、人民生活水平不断提高，我国已进入消费需求持续增长、消费拉动经济作用明显增强的重要阶段，绿色消费等新型消费具有巨大发展空间和潜力[39]。习近平总书记指出，要在全社会牢固树立勤俭节约的消费观，树立节能就是增加资源、减少污染、造福人类的意识，努力形成勤俭节约的良好风尚[40]。

生态城作为我国生态文明建设中的典范，要带头培育和激发市民建设美丽宜居生态城的主体意识，树立绿色生活方式和绿色消费方式的城市生活观，形成人人参与建设美丽宜居生态城的良好氛围。同时必须要意识到，建设生态文明，推动生态城的形成，不仅需要国家层面对生产方式所做的绿色化变革，而且公众自下而上形成绿色生活新理念，在日常生活中主动为节约资源、保护环境而努力。每个人节约一滴水、一度电，少开一天车，多种一棵树，累加起来就会取得显著的资源节约和环境改善成效[41]。在市场经济体制下，绿色消费可以倒逼厂商不断进行绿色技术创新，以满足消费者的生态需求；大众在垃圾分类处理、废旧物品回收等方面自觉承担义务，有利于减少资源严重浪费与过度消费现象，有效促进绿色发展[42]。同时，健康纯粹、简朴有序一直是中国文人雅士所向往和推崇的生活方式，倡导生活方式绿色化，是对中国传统文化的传承，也是积极构建先进生态文化、拓展中国传统文化的体现。

2.2.2.3 生态文明体系

2018 年 5 月，习近平总书记在全国生态环境保护大会上强调，要加快构建生态文明体系，加快建立健全以生态价值观念为准则的生态文化体系、以产业生态化和生态产业化为主体的生态经济体系、以改善生态环境质量为核心的目标责任体系、以治理体系和治理能力现代化为保障的生态文明制度体系、以生态系统良性循环和环境风险有效防控为重点的生态安全体系[43]。其中，生态文化体系是基础，生态经济体系是关键，目标责任体系是抓手，生态文明制度体系是保障，生态安全体系是底线[44]。生态文明体系是习近平生态文明思想指导实践的具体成果，是对生态文明建设战略任务的具体部署。五大体系相辅相成，共同构成新时代生态环境保护和生态文明建设的全局性和根本性对策体系。

（1）以生态价值观念为准则的生态文化体系

价值观决定行为方式。造成生态环境问题一个深层次的原因是工业革命以来形成的将人类凌驾于自然之上的盲目“征服自然”价值观念。建设生态文明，首先要树立尊重自然、顺应自然、保护自然的社会主义生态文明观，像保护眼睛一样保护生态环境，像对待生命一样对待生态环境[45]。

（2）以产业生态化和生态产业化为主体的生态经济体系

习近平总书记指出，生态环境保护的成败归根结底取决于经济结构和经济发展方式，通过全面推动绿色发展，建立健全以产业生态化和生态产业化为主体的生态经济体系是建设生态文明的根本出路[46]。构建生态经济体系有三个重点：一是在优化国土空间开发布局、调整区域流域产业布局的前提下，调整经济结构、能源结构、产品结构，创新技术，提高生产领域的资源环境效率，实现产业生态化改造；二是培育壮大节能环保产业、清洁生产产业、清洁能源产业，实现资源节约和生态环境保护产业化；三是建立简约适度、绿色低碳的生活方式，倒逼和引导产业生态化和生态产业化，并通过资源节约和循环利用最终实现生产系统和生活系统内部和之间的循环链接[47]。

构建生态经济体系，要牢固树立“绿水青山就是金山银山”的理念：一是要让生态环境成为有价值的资源，与土地、技术等要素一样，成为现代经济体系高质量发展的生产要素：二是要建立生态环境服务功能的价值评估体系，使其进入国民经济统计核算体系中，真正让“绿水青山”转变为可计量、可考核、可获得的“金山银山”[48]。

（3）以改善生态环境质量为核心的目标责任体系

保护生态环境的出发点和最终目的是改善生态环境质量，提供更多优质生态产品以满足人民日益增长的优美生态环境需要，最终形成中华民族永续发展的根本基础[49]。构建目标责任体系，是中国特色社会主义制度特征和优势的集中体现[50]。党的十八大以来，在以习近平同志为核心的党中央坚强领导下，生态环境保护发生了历史性、转折性、全局性变化。中央环保督察、党政同责、一岗双责、严肃问责追责等制度实践反复证明，只要各地区、各部门坚决维护党中央权威和集中统一领导，坚决担负起生态文明建设的政治责任；只要地方各级党委和政府主要领导成为本行政区域生态环境保护第一责任人，做到守土有责、守土尽责，分工协作、共同发力；只要建立科学合理的考核评价体系，将考核结果作为各级领导班子和领导干部奖惩和提拔使用的重要依据；只要对那些损害生态环境的领导干部，真追责、敢追责、严追责，做到终身追责；只要有一支生态环境保护铁军，生态环境保护和生态文明建设就能取得实实在在的效果，实现党和人民预期的目标[51]。

（4）以治理体系和治理能力现代化为保障的生态文明制度体系

党的十八届三中全会以来，体现“源头严防、过程严管、后果严惩”思路的生态文明制度的“四梁八柱”基本形成，改革落实全面铺开。目前，生态文明制度体系建设要重视补齐制度短板、提升治理能力、狠抓落地见效[52]。一是将生态文明建设全面融入经济社会发展全过程和各方面，建立健全绿色生产和消费的法律制度与政策导向；二是按照“山水林田湖草是生命共同体”的原则，建立健全一体化生态修复、保护和监管制度体系；三是建立健全农村环境治理的制度体系。四是建立健全全民参与的行动制度体系[53]。

（5）以生态系统良性循环和环境风险有效防控为重点的生态安全体系

生态系统的良性循环是生态平衡的基本特征，是生态安全的标志，也是人与自然和谐的象征[54]。建设美丽中国，就是要让中华大地上各类生态系统具有合理的规模、稳定的结构、良性的物质循环、丰富多样的生态服务功能。当前，我国仍处于环境风险高峰平台期，长期积累的生态破坏、环境污染对人民群众生产生活造成严重影响的事件高发频发。我国生态安全体系建设，必须牢固树立底线思维，把生态环境风险纳入常态化管理，系统构建全过程、多层级生态环境风险防范体系：一是降低生态系统退化风险，通过实施国土空间管制和生态红线制度、采取生态系统修复和保护措施，确保物种和各类生态系统的规模和结构的稳定，提升生态服务功能水平；二是防范和化解生态环境问题引发的社会风险，维护正常生产生活秩序[55]。

2.2.3 新时代背景下生态城概念生成

在成熟的生态文明思想理论加持之下，新时代赋予了生态城新的使命。结合习近平总书记生态文明思想与生态文明城市发展观，对生态城的概念进行进一步总结与剖析，使新时代生态城的使命更加完善。

以往的生态城研究主要集中在社会子系统和经济子系统，不包含承接社会子系统和经济子系统空间方面的研究。而新时代背景下，社会子系统、经济子系统的价值观对于空间的要求呼之欲出。生态城的建设需要有机地融入相应的生态系统和生态环境当中，依托特定的自然资源，才能够呼应和实现新时代的生态城发展需求。生命共同体就是这样一个相对独立的生态系统，其生态格局包括斑块、廊道、生态因子，能够科学稳定地进行生态系统的测算、保护和延续。

生态文明的五大体系是对于习近平新时代生态文明建设思想系统化地解读与体现，涵盖了城市四大功能和城市结构体系生长、发展模式的规律[56]。新时代背景下生态城体系化、模型化的定义归纳起来就是“一个核心三个系统六个关系”（图 2-6）：以人为核心，将生态文明五大体系分成三个圈层，即社会子系统、经济子系统和自然子系统，这三个子系统能够涵盖生态城的全部功能内容和逻辑。将原来生态城遵循的复合生态系统理论立体化，发现社会、经济、自然系统之间具有相互的逻辑关系，包括信息、资金、能量、物质、交通等几个流向关系。

生态城的概念不是“生态”和“城市”两个因素的简单叠加，也不是城市建设的终极目标，而是一种走向可持续发展的健康过程、机制和体制。生态城保育山水林田湖草生命共同体、协调水土气生矿等自然资源、调控以生产、流通、消费、还原为主的经济过程和以技术、体制、文化为主的社会过程。通过生态规划、生态设计、生态工程与生态管理，将单一的生物环节、物理环节、经济环节和社会环节组装成一个有强生命力的生命系统，从技术创新、观念革新和行为诱导入手，调节生命系统的主导性与多样性、开放性与自主性、稳定性与适应性，使生命共同体的竞争、共生、再生和自生原理得到充分体现，资源得以高效利用，人与自然高度和谐统一。

综上所述，可以把新时代下的生态城定义为以习近平新时代生态文

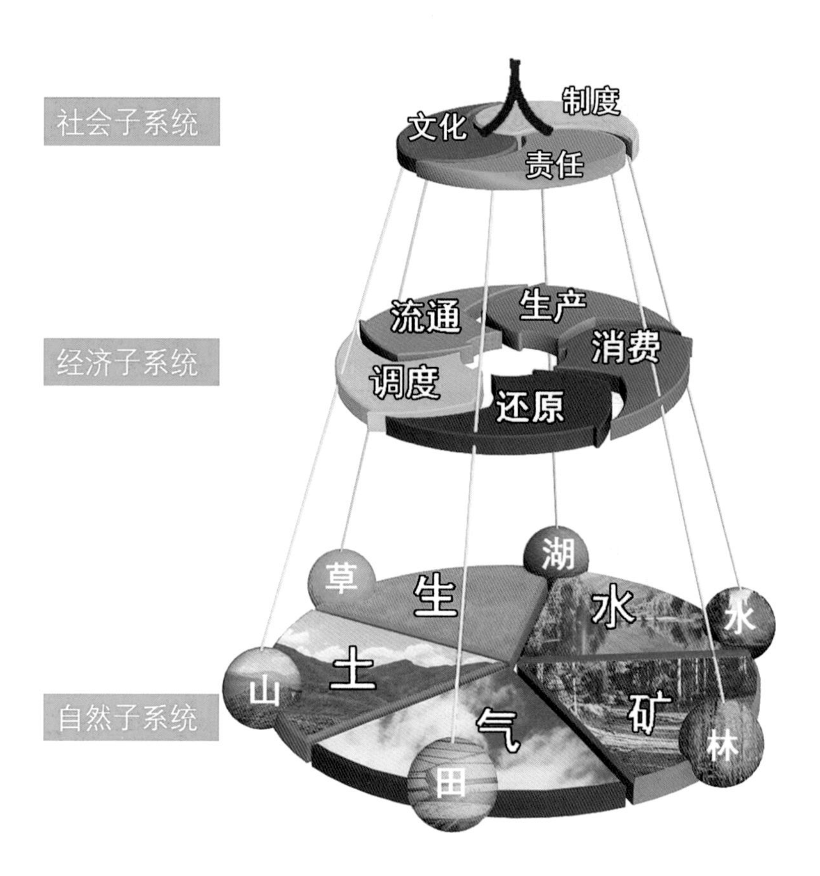

图 2-6 新时代生态城概念模型

明思想为指导，在维护生命共同体基底前提下，以人民为中心，全方位打造绿色生产方式与绿色生活方式，形成人、产、城、景与自然资源高度统一和谐发展的中国特色生态城市，是践行绿水青山就是金山银山的未来城市发展新模式。

2.3 多角度解析、新时代革命：生态城的内涵及本质

城市是政治、经济、文化和社会生活的中心，一个城市的健康有序发展，需要协调人口、土地、生态环境、经济发展等各方面的因素[57]。改革开放以来，我国经历了世界历史上规模最大、速度最快的城市化进

程，城市发展波澜壮阔，取得了举世瞩目的成就，城市化的发展带动了国家综合实力的提升，但是经济的迅速发展也给城市发展带来了很多负面效应。进入新时代，我国社会主要矛盾发生了变化，需要有新的理论指导城市规划、建设和管理。

何为新时代下的生态城？我们可以从多个角度去解读：从生态哲学角度看，生态城的实质是实现人与人、人与自然的和谐；从系统论角度看，生态城是一个结构合理、功能稳定的社会—经济—自然复合生态系统；从生态经济学角度看，生态城的社会经济发展对自然资源这一支持系统的需求处于生态承载力和环境容量范围内；从社会学角度看，生态城不仅是自然环境的生态化，更是人类社会的生态化，即教育、科技、文化、道德、法律、制度等的全面生态化；从地域空间角度看，生态城是以一定区域为依托的无封闭式城乡综合体，即城市与周边关系趋于整体化，形成互惠共生的统一体，实现区域可持续发展。

2.3.1 对工业文明城市的超越

生态城是在习近平新时代中国特色社会主义思想指引下的一次城市理念创新，是对工业文明城市理念的一场革命。工业文明形式是人类历史上迄今为止最为辉煌的文明形式，工业文明创造了巨大的物质财富和精神财富，为人类社会的发展奠定了雄厚的基础 [58]。但是工业文明的发展模式颠倒和割裂了生产、生活与环境功能的秩序和联系，同时也带来了一系列日益严重的生态问题和社会问题，使得人与人、人与自然之间的关系越发紧张，工业文明思维模式是“以人为体，以自然为用”，强调人的主体地位，忽视了城市中其他组成部分的利益和价值，看不到事物之间内在的、不可分割的联系，城市成为放进混凝土的人造物，路面硬化隔断了人与土地的联系，物与物之间的隔断造成了社会阶层的差别，加剧了社会异化。

生态文明是在扬弃工业文明的基础上的“后工业文明”，是人类文明演进中一种崭新的文明形态，它用更加文明与理智的态度对待生态环境，反对野蛮开发和滥用资源，重视人与人、人与自然、人与社会的协调发展，是人—社会—环境系统的整体进步 [59]。新时代生态城遵循人与自然“两个中心”协调、“两种价值”并重的理念，从经济 GDP 导向转向以人为中心，是在生态文明理念指导下的城市发展新思路。

2.3.2 城市建设的一场实践革命

习近平总书记强调：要尊重自然、顺应自然、保护自然，不断提升城市环境质量、人民生活质量、城市竞争力，建设和谐宜居、富有活力、各具特色的现代化城市[60]。建设现代化城市，需要结合城市自身的特点、自然条件和文化传承，选择合适的建设模式，做好城市定位，突出地方特色。生态城将自然生态系统与人类活动放在了平等的地位，以“公园”为桥梁在人与自然之间搭建了一个平台。从这个意义上讲，生态城实质上就是城市尺度上的生态文明形态，是具有生态文明时代特征的城市发展新模式[61]。生态城的发展动力也发生了根本性变革，工业文明模式下的城市是以资源消耗为驱动力的，发展经济必然要造成大量资源消耗和垃圾排放，对环境造成负面影响；生态城是生态文明模式下的城市发展，是以科技创新为驱动力的，资源消耗与经济发展实现脱钩，在不增加资源消耗和排放的前提下获得经济的增长和财富的增加。因此，生态城并不是简单地追求城市的环境优美，它是根据生态学原理、可持续发展理论，应用现代科学技术手段建成的经济、社会、生态三者协调发展、产业结构布局合理、自然生态保护良好、资源能源高效利用、社会秩序井然有序、人与自然和谐统一的现代化宜居城市。

2.3.3 生态价值的经济发展模式

深刻理解习近平总书记“要突出生态城特点，把生态价值考虑进去，努力打造新的增长极，建设内陆开放经济高地”的重要指示，其中“新的增长极”和“经济高地”都是指生态城建设的经济目标，必须在“把生态价值考虑进去”情况下实现生态城的经济增长。

首先，生态城的绿色思想不是项目层面破碎化的绿色，而是战略层面整合化的绿色，要坚持“底线约束、内涵发展、弹性适应”指导原则，控制城市的资源环境消耗的分母，做大城市经济社会福利的分子，即让资源环境消耗与经济社会发展脱钩，从发展的源头提高绿色绩效[62]。再次，生态城的绿色思想不是只有生态环境保护的绿色还有经济社会发展的绿色。在确保绿水青山完好无损的情况下实现经济增长，要在生态、环境、资源三个方面整体性布局谋划，把绿色思想渗透到城市形态、创新之城、人文之城的建设之中，强调产业、交通、建筑等方面的源头绿色，把生态的绿色化与发展的绿色化整合起来，这是当代全球城市可持续发展的新要求和真正内涵。最后，生态城的规划不是低水平的绿色而是可以与国际先进对标的绿色，一些重要的发展指标要达到国际水平，能够与纽约、伦敦、东京等对标[63]。除了经济和社会指标之外，绿色生态方面的指标也有大幅度的提高，比如河面率要达到 10.5%，森林率要达到 23%，生态空间要占到 60%；二氧化碳排放 2025 年达到峰值，PM2.5 浓度控制在 25 微克 / 立方米之内，原生生活垃圾零填埋等。实现这样的高目标，生态城就会在达到全球城市经济要求的同时，也达到全球城市的绿色要求。

2.4 多维转变：新时代生态城建设的意义

生态城的提出顺应新时代中国特色社会主义的要求，为新时代城市发展指明了方向。生态城建设意义一方面体现在将生态价值融入城市生产实践中的价值观转变，另一方面体现在城市规划、建设、管理等方面的思维方式变革；同时，生态城也对城市生活方式转型提出要求，重视每个城市居民的生活方式在绿色发展中的重要作用，实现绿色化转型，进而在全社会形成绿色发展理念。生态城的发展模式对城市转型起到一定的推动作用，有力地推动人与自然和谐发展、与城市和谐共生目标的实现，这对于生态文明建设、绿色发展观的践行以及美丽中国梦的实现都有深刻意义。

2.4.1 价值观的转变：绿水青山就是金山银山

在党的十九大报告中，习近平总书记指出，必须树立和践行绿水青山就是金山银山的理念[64]。“两山论”改变了以往的传统思想观念，重视生产生活实践中的生态价值，是一次深刻的变革。习近平总书记提出的“两山论”与生态城建设理念中的重视生态价值有着相同的价值追求。因此，在实现生态城生态价值的实现过程中应该坚持“两山论”的指导方针，重视经济发展也强调环境保护，完成发展任务也要兼顾长远目标，进而使得人与自然的双重价值得到实现。

虽然部分城市在发展过程中同样对“绿水青山”这一自然生态系统的价值进行了考虑，但是并没有重视人居环境生态系统的价值，常常故意将“自然生态系统价值”与“人居环境生态系统价值”之间的联系隔断[65]。在进行生产生活实践时，往往会以获得眼前利益为目的，破坏生态环境，难以得到长期的生存与发展，涌现出大批短期的城市建设。这些建设行为看起来与现代建设理念相符，但实际上严重违背了生态保护与修复的原则，从而导致生态环境出现了严重的负效应。

生态城的建设，是从城市生态发展的视角出发，重视生态价值，预先进行规划，以构建全域公园体系为基础，引领功能产业、资源利用、文化景观、生活服务等各方面发展，形成“绿色 +”的新发展框架，实现城市格局优化、公共服务均衡、城市形态优美、产业略色等目标。不是单纯的建造楼房，更不是直接将农村人口转变成城市人口，而是充分考虑生态价值，转变发展模式，是“两山”理论的深刻体现。

2.4.2 思维方式的转变：保护生态环境就是保护生产力

在很长的一段时期内，由于错误的发展理念，使得我国大部分城市都只追求短平快的显著成绩，如增加 GDP 总量等，在“唯 GDP 论”的指导下，致使出现了“商品价格高，资源价格低，环境不具备价值”的不正确理念，使得在各类钢筋水泥的铺设下，严重破坏了人居环境，对人的根本利益造成损害，而且，在这种情况下，极易引起由环境所带来的各种群发性争端。

习近平总书记在 2013 年 4 月视察海南时提出“保护环境就是保护生产力”的有力论断，该论断是在马克思主义生产力理论基础上所做出的一大革新[66]。在传统理论看来，人类征服并改造自然的能力就是生产力，其主要由两个因素组成，一是人类自身；二是生产工具[67]。该生产观并没有对自然生态环境的自身生产力属性给予足够的重视，进而导致自然生态环境的严重破坏。对此，习近平总书记提出，保护生态环境就是对生产力的发展与完善，此论断与马克思“劳动的自然生产力论”相一致，主要对自然生态环境的生产力属性进行了明确，对于一个完善的生产力来说，社会经济生产力与自然生态生产力都必须涵盖在内，强调在开发的同时兼顾环境保护，将经济增速控制在生态环境能够承载的范围之内。

建设生态城需要充分考虑生态价值，让生态价值在经济的发展中发挥作用，把生态理念贯彻到生产、经济运行和人文行为中去。创新城市发展模式，建立基于市场化的生态产品价值实现机制，统筹城市规划、建设、管理、运营等各个方面，形成生态引领、产业协同、创新开发、综合运用的稳步推进的发展态势。

2.4.3 生活方式的转变：做绿色生活的践行者

在中共中央政治局第四十一次集体会议中，习近平总书记重点提到要对构建绿色生活方式的重要性、艰巨性和紧迫性进行全面了解，并将其置于我国发展的关键位置 [68]。受传统消费观和以物质消费为主的生活方式的影响，人类索取的自然资源远远超出了自然环境所能承受的范围，进而给生态环境造成了诸多伤害。因此，要通过构建正确的生活方式，形成以节约资源为主的消费观念，是生态文明建设的重要环节。

生态城推崇的是生活理念绿色化和消费行为绿色化。生态环境是所有人共同拥有的，每个人都有保护它的责任与义务，杜绝奢侈性消费和铺张浪费的行为出现，提倡朴素的生活方式和资源节约的消费观念，要发挥人民群众的带头作用，从自身做起，树立绿色消费的观念，不仅能够有力地促进可持续消费方式的形成，又能够使经济发展实现可持续性。

值得注意的是，绿色生产和绿色生活是密切联系、相辅相成的。绿色生产是绿色生活的前提和基础，只有生产出绿色的产品，人们才有可能实现绿色消费、绿色出行，只有提供更多优质生态产品，才能满足人们日益增长的优美生态环境的需要；绿色生活的需求又反作用于绿色生产，绿色生活中所形成的需求往往能够调整和引导生产，带动绿色产业的发展，为绿色生产提供源源不断的动力。两者相互促进，共同构成人与自然和谐共生的重要实现形式。

2.5 构建生态场域、厚植“五位一体”：新时代生态城的价值观

2.5.1 哲学高度：万物共生，天人合一

中华文明历来强调天人合一、尊重自然，生态城的建设秉持了这一崇高的追求，并赋予其新的时代色彩。“万物各得其和以生，各得其养以成”，这是历史的厚赐、文明的传承。人与自然是一种共生关系，对自然的伤害最终会伤及人类自身。习近平总书记纵观人类文明发展史，发现人类工业化进程创造了前所未有的物质财富，但也产生了难以弥补的生态创伤，应该关注到人类命运共同体也是人与自然的命运共同体，强调生态兴则文明兴，生态衰则文明衰。

2.5.2 价值维度：满足人的本质需求

生态城以群众需求为导向，目的是实现城市服务水平和居民幸福感的节节高升。新时代城市发展的基本遵循，贯彻了以人民为中心的发展思想，满足人民日益增长的美好生活的需要，坚持发展一切为了人民，依靠人民，人民共享。生态城的打造合理安排了生产、生活、生态空间，让城市不仅有风度，而且更有温度，让群众过得更幸福，不断增强群众的归属感、获得感和安全感。

2.5.3 文明角度：传承与创新城市历史文脉

规划格局之提升、生态环境之优化不仅仅是虚幻的诗意栖居，更在于以人为本，传承与创新城市历史文脉，为城市发展建设提供丰沛的精神动力。生态是城市发展的基础，文化则是城市发展的灵魂。重庆广阳岛生态城作为美丽宜居生态城的先行者，将生态价值注入了城市规划中，积极探索促进生态系统与城市生活系统相融合的新时代城市规划样板，创造出生态文明引领城市发展的新典范。

2.5.4 时代视角：迈入生态文明新时代

生态城厚植了新时代“五位一体”的战略布局，以人为本，传承与创新城市历史文脉，持续“蓄势积能”与“发力超越”，实现了绿水青山与金山银山同频共振，助力城市发展不断破解困局、砥砺前进。生态城是对工业文明城市的超越，是城市建设的一场实践革命，是体现新时代生态价值的经济发展模式，是人类得以安放心灵、休憩灵魂的绿色场域。

2.6 智慧支撑绿色—繁荣—创新—人文生态城：整体方法论体系

重庆广阳岛生态城建设的思想理论可以归纳总结为“两空间融合，三系统管控，两系统体制”（图 2-7），其中，两空间融合反映了城市空间与生命共同体基底两空间之间的有机融合关系；三系统即生态安全体系、生态经济体系、生态文化体系，两系统体制即目标责任体系、生态文明制度体系。

在生态学研究的方法论上，任何一个生态城都需要有个“腹地”的概念，生态城的生态系统自循环需要依托于一定范围的生态腹地，相当于生态承载力的问题，可以通过人类活动、经济活动、城市建设和生态环境等多维度来核算“生态基底范围”。人类的活动和城市的开发建设必然会对生态城的生态系统产生影响，随着生态城建设的逐步完善和低影响化，生态城就能够成为一个自循环的系统，这是一个最理想的状态。生态城在维护生命共同体基底前提下对城市空间进行异质化建设分区，用“一图”来实行基于生态格局整体保护的城市建设引导管理。空间格局归纳到最后是对城镇空间的异质化管理和管控的图纸体系，最终可以形成类似于控制性详细规划图纸一样的结果，不同的生态分区会有不同的管控手段和目标。

重庆广阳岛生态城五大体系当中把生态安全、生态经济、生态文化三个体系结合在一起，这三个体系是可评价的，可以采用系统论的

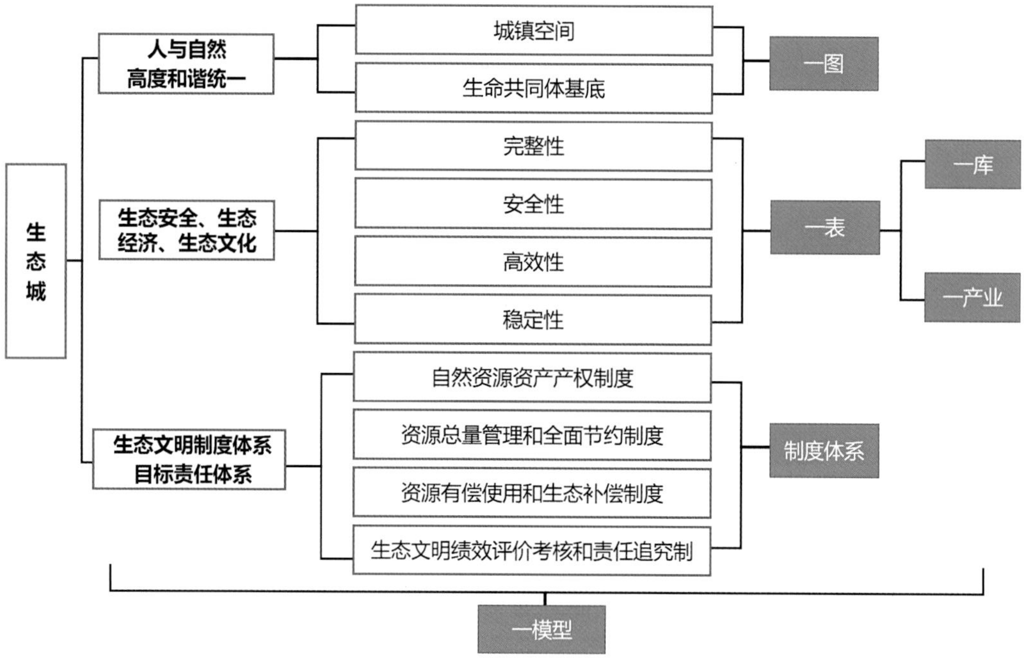

生态城
人与自然
高度和谐统一
城镇空间
生命共同体基底
一图
生态安全、生态
经济、生态文化
完整性
安全性
高效性
稳定性
一表
一库
一产业
生态文明制度体系
目标责任体系
自然资源资产产权制度
资源总量管理和全面节约制度
资源有偿使用和生态补偿制度
生态文明绩效评价考核和责任追究制
制度体系
一模型

图 2-7　生态城的思想理论体系

方式对其进行评价，评价工具就是“一表”，即生态城建设指标表，这个指标表覆盖了整个生态城的一图，可以对每一地块提出具体的指标要求。生态城“一表”是具有评价性和指导性两种类型的指标，评价性指标可以用来评价生态城建设的结果，指导性指标可以用来具体指导生态城的建设。人类建设活动一般会有两种可能性，一种可能性就是建设活动无法达到生态要求，引入的产业或者人类活动不符合生态城建设指标表的目标值，可以引入“生命共同体绿色技术库”的技术成果，帮助修正人类建设活动，满足“一表”的要求，把金山银山的努力和绿水青山的保护结合在一起；第二种可能性就是人类建设活动是合格的，可以归纳成一个产业体系，主要是产业生态化和生态产业化两个方向的产业体系，“一表、一库、一产业”覆盖了生态安全、生态经济、生态文化三大体系中的评价、引导、操作，构成了重庆生态城的核心操作思想。

生态城五大体系中剩下两大体系是制度体系和目标责任体系，是重庆生态城建设评价的方法论，可以归纳出自然资源资产产权制度、资源总量管理和全面节约制度、资源有偿使用和生态补偿制度、生态文明绩效评价考核和责任追究制四个系统的制度，把这四个制度纳入“一图、一表”的操作过程从而形成一个有机完整的理论体系，“一图、一表、一库、一模型、一产业”是重庆生态城建设的五个技术包，也是核心方法论。

本章参考文献

[1] 王向明，杨玲玲．社会主要矛盾转化的历史逻辑与现实依据 [J]．人民论坛，2018（11）：56-57.

[2] 方世南．生态安全是国家安全体系重要基石 [J]．新华月报，2018，000（019）：P.117-118.

[3] 孙金龙．中华民族永续发展的千年大计 [N]．通辽日报，2020-07-05（003）.

[4] 雷鹏举．饮用水处理：关系国计民生的重要课题 [J]．军民两用技术与产品，2012（2）：8-10.

[5] 吕腾龙、常雪梅．铭记总书记深情厚望 奋勇争先走在前列 [N]．解放日报，2019-11-04（003）.

[6] 高璇．我国新型智慧城市发展趋势与实现路径研究 [J]．城市观察，2020（04）：149-156.

[7] 陶玉莲．时代新使命 重庆新答卷 [N]．重庆日报，2020-04-17（003）.

[8] 伊春燕 [1]．共建“一带一路”开创美好未来——第二届“一带一路”国际合作高峰论坛 [J]．企业界，2019，000（005）：24-24.

[9] 杨帆 张珺．抓住战略机遇 强化责任担当 在建设成渝地区双城经济圈中展现新作为 [N]．重庆日报，2020-01-14（003）.

[10] 新华社．中共中央 国务院 关于新时代推进西部大开发形成新格局的指导意见 [EB/OL]．[2020-05-17] 中华人民共和国中央人民政府网站，http：//www.gov.cn/zhengce/2020-05/17/content_5512456.htm.

[11] 杨湘洪．生态文明语境下中国共产党的生态执政理念解读 [J]．领导科学，2011（26）：25-26.

[12] 梁进社，王红瑞，宋涛．第六章绿色发展中的资源瓶颈与环境约束 [J]．经济研究参考，2012（14）：4-16.

[13] 孙雯．生态理性：生态文明社会的价值观转向——基于生态马克思主义的经济理性批判视角 [J]．学习与探索，2019，284（03）：14-20.

[14] 马世俊，王如松．社会—经济—自然复合生态系统 [J]．生态学报，1984，4（1）：1-9.

[15] 钦佩，张晟途．生态工程及其研究进展 [J]．自然杂志，1998（01）：24-28.

[16] 郭丕斌．新型城市化与工业化道路——生态城市建设与产业转型 [M]．北京：经济管理出版社，2006.

[17] 王如松. 生态文明，社会—经济—自然复合生态系统，生态控制论，认识误区 [J]. 中国科学院院刊，2013（2）：173-181.

[18] 王如松，欧阳志云. 社会—经济—自然复合生态系统与可持续发展 [J]. 中国科学院院刊，2012，27（3）：337-345.

[19] 董峻，王立彬，高敬，安蓓. 开创生态文明新局面 [N]. 人民日报，2017-08-03（001）.

[20] 议题九：关于生态文明 [J]. 人民论坛，2012（33）：58.

[21] 本报评论员. 新时代推进生态文明建设的重要遵循 [N]. 人民日报，2018-05-21（001）.

[22] 彭东昱. 生态文明建设是关系中华民族永续发展的根本大计 [J]. 中国人大，2018，000（014）：49-49.

[23] 刘莹，王玉成. 像保护眼睛一样保护生态环境 像对待生命一样对待生态环境——两岸记者参访青海年保玉则保护区 [J]. 台声，2019（13）：42-43.

[24] 李建蕊. 论保护生态环境就是保护和发展生产力——基于马克思的自然力视角 [J]. 改革与开放，2015，000（024）：50-50，52.

[25] 陈荣高. 坚持以人为本不断提升生态文明建设的惠民度 [C]. // 中国生态文化协会. 第二届中国（漠河）生态文明建设高层论坛论文集，2009：62-67.

[26] 王小栋. 森林“五水共治”的源头活水 [J]. 绿色中国，2015（23）：47-49.

[27] 杨伟民. 建立系统完整的生态文明制度体系 [J]. 党建研究（北京），2014，000（009）：12-16.

[28] 蒋济雄. 使人民群众共同建设、共同享有和谐社会 [J]. 求是，2007（9）：19-20.

[29] 黄天垦，栾淳钰. 人类命运共同体的共同价值意涵与构建 [J]. 理论建设，2020（3）：44-49.

[30] 王丹. 生态兴则文明兴 生态衰则文明衰 [N]. 光明日报，2015-05-08（002）.

[31] 郑登贤，伊武军. 城市可持续发展的生态建设 [J]. 宜春学院学报，2004（02）：51-53.

[32] 杨朝霞. 生态兴则文明兴 [N]. 中国绿色时报，2015-01-20（A03）.

[33] 郝寿义. 低碳生态城市规划与建设——一个基于中新天津生态城案例的研究 [A]. 北京大学，北京市教育委员会，韩国高等教育财团. 北京论坛（2011）文明的和谐与共同繁荣——传统与现代、变革与转型：“城市转型与人类未来”城市分论坛论文及摘要集 [C]. 北京大学，北京市教育委员会，韩国高等教育财团：北京大学北京论坛办公室，2011：12.

[34] 新华社. 习近平在中央城镇化工作会议上发表重要讲话 [EB/OL]. [2013-12-14] 新华网，http：//www.xinhuanet.com/photo/2013-12/14/c_125859827.htm.

[35] 何星亮. 满足人民日益增长的美好生活需要 [J]. 人民论坛，2017（S2）：65-67.

[36] 靳晓燕，齐芳，李慧，等. 不断满足人民日益增长的美好生活需要——十九大代表

谈保障和改善民生 [J]. 就业与保障，2017 (21)：16-17.
[37] 新华社. 习近平：在文艺工作座谈会上的讲话 [EB/OL]. [2015-10-14] 新华网，http：//www.xinhuanet.com/politics/2015-10/14/c_1116825558.htm.
[38] 新华社. 习近平心中的“城市中国” [EB/OL]. [2015-12-09] 新华网，http：//www.xinhuanet.com/politics/2015-12/09/c_1117399732.htm.
[39] 佚名. 发改委等 10 部门共同发文支持共享经济 [J]. 中国信息化，2016 (3 期)：5-5.
[40] 任一林、姜萍萍. 习近平谈资源安全：全面促进资源节约集约利用 [EB/OL]. [2018-08-16] 中国共产党新闻网，http：//cpc.people.com.cn/xuexi/n1/2018/0816/c385474-30233113.html.
[41] 张雪敏. 深入贯彻绿色发展理念，全面推进生态文明建设——党的十九大精神解读 [J]. 河北地质大学学报，2018，041 (001)：110-113.
[42] 钟寰平. 携手行动，践行绿色生活方式 [N]. 中国环境报，2020-04-09 (001) .
[43] 新华社. 习近平出席全国生态环境保护大会并发表重要讲话 [EB/OL]. [2018-05-18] 中华人民共和国中央人民政府网站，http：//www.gov.cn/xinwen/2018-05/19/content_5292116.htm.
[44] 庄贵阳. 生态文明建设目标行动导向下的现代化经济体系研究 [J]. 生态经济，2020，v.36；No.353 (05)：212-218.
[45] 李庆瑞. 像保护眼睛一样保护生态环境 [J]. 中国生态文明，2019 (S1)：3.
[46] 尚嫣然，温锋华. 新时代产业生态化和生态产业化融合发展框架研究 [J]. 城市发展研究，2020，27 (07)：83-89.
[47] 曾贤刚. 构建新时代生态经济学 建设新时代生态经济体系 [N]. 中国环境报，2020-08-07 (003) .
[48] 黄承梁. 树立和践行绿水青山就是金山银山的理念 [J]. 求是，2018，000 (013)：52.
[49] 刘伯恩. 生态产品价值实现机制的内涵，分类与制度框架 [J]. 环境保护，2020 (13)：49-52.
[50] 秦正为. 中国特色社会主义制度体系的形成及其历史意义 [J]. 探索，2012，000 (001)：8-12.
[51] 翁智雄，程翠云，葛察忠，等. 我国环境保护督查体系分析 [J]. 环境保护，2017，45 (10)：53-56.
[52] 杨伟民. 建立系统完整的生态文明制度体系 [J]. 党建研究 (北京)，2014，000 (009)：12-16.
[53] 张铭贤. 河北生态文明体制改革启航：坚守发展和生态两条底线，8 项制度撑起河北生态文明制度建设的“四梁八柱” [J]. 环境经济，2016 (11)：46-47.
[54] 王玉庆. 人与自然和谐之辨——生态文明建设的一些思考 [C]. // 中国环境科学学会. 第三届传统文化与生态文明国际研讨会论文集. 2012：1-3.

[55] 夏光，等. 中国生态环境风险及应对策略 [J]. China Economist，2015，04（v.10）：6-23.

[56] 张修玉，李远，彭晓春. 试论生态文明五大体系的构建 [J]. 科学：上海，2015，067（001）：57-59.

[57] 单卓然，黄亚平. “新型城镇化”概念内涵、目标内容、规划策略及认知误区解析 [J]. 城市规划学刊，2013（02）：22-28.

[58] 卢正涛. 文明演进中的突破之“现代工业文明的兴起”——基于国家经济活动现代化的分析 [J]. 学术界，2019，249（02）：34-43，227.

[59] 昌灏. 论循环经济与生态文明的内在统一性 [J]. 经济与社会发展，2009，7（010）：57-59.

[60] 新华社. 中央城市工作会议在北京举行 [N]. 人民日报，2015-12-23（001）.

[61] 连玉明，王波. 基于城市价值的中国低碳城市发展模式 [J]. 技术经济与管理研究，2012（05）：90-95.

[62] 本刊首席时政观察员. 底线约束，内涵发展，弹性适应 城市睿智发展步伐要加快 [J]. 领导决策信息，2018，No.1098（03）：10-11.

[63] 王祥荣. 崇明世界级生态岛规划建设的国际经验对标，路径与对策 [J]. 城乡规划，2019，000（004）：24-29，44.

[64] 习近平. 决胜全面建成小康社会，夺取新时代中国特色社会主义伟大胜利——在中国共产党第十九次全国代表大会上的报告 [R]. 人民出版社，2017.

[65] 王向荣. 整体观的人居环境 [J]. 风景园林，2020，27（02）：4-5.

[66] 沈王一，谢磊. 习近平：建设美丽中国，改善生态环境就是发展生产力 [EB/OL]. [2016-12-01] 中国共产党新闻网，http：//cpc.people.com.cn/xuexi/n1/2016/1201/c385476-28916113.html.

[67] 于中涛. 生产力是人类所认识和利用的自然力 [J]. 社会科学辑刊，1996（03）：17-19.

[68] 新华社. 习近平：推动形成绿色发展方式和生活方式 为人民群众创造良好生产生活环境 [EB/OL]. [2017-05-27] 新华网，http：//www.xinhuanet.com/politics/2017-05/27/c_1121050509.htm.

第 3 章

一图：

生态城生命共同体基底及生态格局研究

3.1 生态城空间格局研究方法论

生态城空间格局研究的核心是“一图”，即生命共同体现状生态格局分析图。关于如何对生态城的空间格局进行科学界定，本研究提出从全球生命共同体到地区生命共同体，再到生态城所在的可以自身相对独立的最小生态环境，按照从全球一级的生命共同体，区域二级生命共同体基底、生态城所在的三级生命共同体的层次，逐层推进分析（图3-1）。

在生态学的层面，最核心的是生态要素之间的“关系”，这个关系从全球领域到具体节点都是密不可分的，所以关系线的保留，必须要一层一层地递进分析，最后形成的三级生命共同体，即为480平方公里的最小生态腹地。对其进行深化解读，包括两方面的内容：第一是山、水、林、田、湖、草的生命共同体，第二是水、生、气、土、矿的自然资源，这两个系统都是生态城发展的核心生态资源。

在生命共同体层面，对于三级生命共同体的范围确定，需要进行山、水、林、田、湖、草等生境元素以及大气的独立分析，在进行综合叠加分析。叠加的过程是对每一个生境的生态系统重要性和敏感度进行分别评价，再根据不同生境分析的结果进行综合分析，最终构成三级生命共同体的现状生态格局是由14张图的综合叠加（山、水、林、田、湖、草、大气）而成的。可见，因为重庆广阳岛生态城是在一个相对独立自生的生态系统范围之内确定的，所以现状生态格局具有稳定性、可测性和科学性。

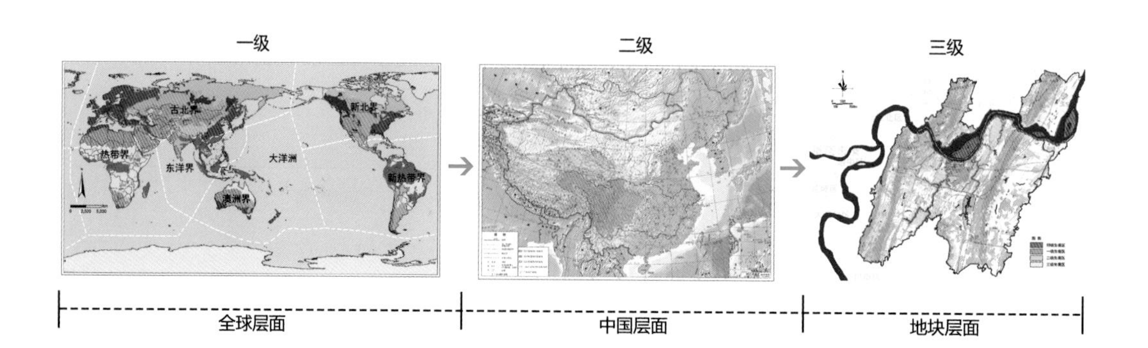

图3-1　生命共同体层级（底图来源：一级：世界地图 审图号GS（2016）1665号 自然资源部监制；二级：中国地势图 审图号GS（2016）1609号 自然资源部监制；三级：重庆市中心城区地势 审图号：渝S（2020）015号 重庆市规划和自然资源局 监制 二〇二〇年六月）

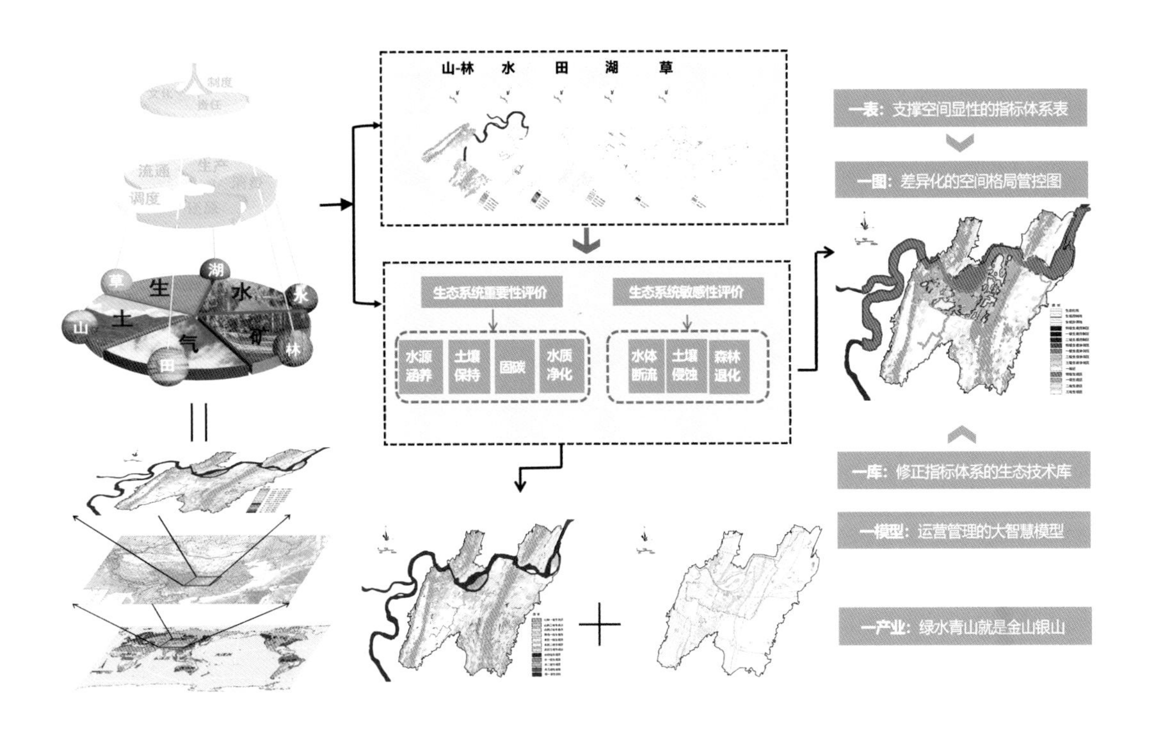

在城市空间层面，将重庆广阳岛生态城现状生态格局与当下的空间规划、控制性详细规划、生产建设招商引资等城市发展与人类活动布局进行叠加，叠加之后就会发现问题、矛盾，以及发现的机会和方向，形成生命共同体的空间格局规划图，以及生态城内部的“三线九区”分区控制规划图。以上两个成果可将重庆广阳岛生态城的城市异质性展现出来，与研究中对生态系统的关键因子的保护需求、把绿水青山留给人民群众的思想理论充分结合（图 3-2）。

图 3-2　生态城空间格局方法论（底图来源：一级：世界地图 审图号 GS（2016）1665 号 自然资源部监制；二级：中国地势图 审图号 GS（2016）1609 号 自然资源部监制；三级（所有图纸底图来源）：重庆市中心城区地势 审图号：渝 S（2020）015 号 重庆市规划和自然资源局 监制 二〇二〇年六月）

3.2 生命共同体基底概念及内涵解析

生命共同体思想的科学内涵由自然界本身，延伸拓展到人与自然的关系领域，形成了“自然的生命共同体”和“人与自然的生命共同体”两个概念。习近平总书记在生命共同体理念中要求以人与自然的本质联系为出发点，在马克思主义生态哲学理论视域下，实现人与人、人与自然相互包容、互利共存的状态。这一理念突出了生态伦理在人类生活中的调节性作用，是培育公民生态文明意识，践行社会主义核心价值观的重要依据[1]。

第一，“自然的生命共同体”即“山、水、林、田、湖是一个生命共同体”，强调了构成自然界的动植物及其环境的一种不可或缺的相互依存关系，讲究一切自然因素之间的平衡[2]。打破平衡就会威胁到生命共同体的安全，从而威胁到人类发展的自然基础，正如习近平总书记在中共十九大报告中所指出的“人类对大自然的伤害最终会伤及人类自身”。“自然的生命共同体”是社会发展中资源消耗、环境污染、生态破坏等环境问题的直接侵害对象。

第二，“人与自然的生命共同体”，即“人与自然是生命共同体”，是指人类与自然界之间互为条件、相互依存、和谐共生关系基础上的有机系统一整体，描述的是人与自然关系的不可分割与生死相依[3]。正如习近平总书记所讲，“人因自然而生，人与自然是一种共生关系”。

“自然的生命共同体”与“人与自然的生命共同体”是一个问题的两个方面，二者无论在理论层面还是实践层面都是密不可分的。尤其是“自然的生命共同体”是“人与自然的生命共同体”的生态基础。二者的区别是：“自然的生命共同体”更加侧重于对自然地位的尊重、对于自然规律的尊重，但对自然环境的保护，体现的是“尊重自然、顺应自然、保护自然”的生态文明理念；“人与自然的生命共同体”更多地揭示了人与自然之间的和谐共生关系，更加侧重对人类反思发展方式的要求、对正确处理经济发展与环境保护之间关系的理解。

通过上述分析可以看出，习近平总书记生命共同体思想旨在从哲学世界观的层面研究人与自然的和谐共生关系，其核心是对美丽自然环境的生态保护和对美好社会环境的生命关爱，强调自然在被人化的同时，人也在被自然化，这两个方面是辩证统一的。由此可以得出，所谓生命共同体，是指在特定的时间空间范畴内，由人、自然、社会等诸多相关要素构成的互依互补、荣辱与共、不可或缺的生命系统。在这个生命系统中，各组成要素相互依存、相互影响，并在遵循自身演化规律的基础上和谐共生和发展。

“山、水、林、田、湖、草”生命共同体揭示了自然生态系统各要素的相互作用及其人地协同格局，本质上是以人为主体的社会经济系统与山水林田湖草等自然资源要素组成的自然生态系统在特定区域内通过协同作用形成，共同构成了人与自然共生、共存、共享的复合体系，即自然—社会—经济复合生态体系。

在这个生命共同体中，“人的命脉在田，田的命脉在水，水的命脉在山，山的命脉在土，土的命脉在树”[4]。实际上“树的命脉又在人”，即人通过田产出的谷物充饥来维持生命，强调了耕地保护的重要性；田由水灌溉维持作物生长，体现了水源涵养的作用；水由山体集聚，山体由土堆积而成；林、草通过光合作用将光能转化为化学能，储存在有机物中，是生态系统的能量来源。

作为生命共同体中的顶级消费者“人”，如果能够科学合理而有序地利用上述资源，则生命共同体就可协调发展，否则，生态系统将失去平衡而遭到破坏。因此，生命共同体能否协调发展的关键在于能否有效组织人们尊重自然、顺应自然、合理有效地利用自然。城市作为人与自然共融的独特空间，也是人类直面自然生态的前沿领地，山、水、林、田、湖、草服务于人类，而人类的意识与活动又直接影响着山水林田湖草自然生态系统的健康有序发展。

将“人”纳入共同体中，从更大格局上认识了人—地关系的思想，从而形成了“生命共同体基底”，阐明了人与自然和谐的根本，有利于进一步唤醒人类尊重自然、顺应自然、保护自然的意识和情感，为实现人与自然和谐共生的现代化建设提供支撑。

（1）整体性

整体性是生命共同体的核心，即山、水、林、田、湖、草、人各要素通过能量流动、物质循环和信息传递，组成一个互为依托、互为基础的生命共同体[5]。开展生态保护与修复必须着眼于整个陆地生态系统，统筹考虑各要素相互联系、相互依存、相互制约的特点，提升整体的生态系统服务功能，避免工程项目碎片化。

（2）主导性

山、水、林、田、湖、草—人生命共同体的关键在于“人”，也就是说生命共同体的主导因素是“人”，其能否健康而有序地发展取决于人类的主观意识和行为模式，包括制定的相关政策、法规、经济发展模式和农林业生产方式。尤其是农村实行联产承包责任制后，每户单干的农业生产方式对生态环境保护与生态功能维护都存在非常大的隐患，人类充分发挥政策制约、有效组织和带动作用对于生命共同体的健康发展至关重要[6]。

（3）结构性

山、水、林、田、湖、草、人在生命共同体中的位置和相互作用各不相同，各要素的数量、质量以及空间布局，直接决定了生命共同体的繁荣、健康、可持续[7]。应明确生命共同体中各要素所构成的景观特征和形成机制，从整体与部分的关系权衡“山、水、林、田、湖、草”自然生态系统与人类社会经济系统的合理配置，积极推进各要素的均衡优化布局和科学高效利用。

（4）动态性

山、水、林、田、湖、草、人各要素在时间尺度和空间尺度上都具有不断变化的特征，由此组合而成的共同体也处于不断变化和发展的动态过程中。这就决定了山水林田湖草—人生命共同体的生态修复工程不能一成不变，需要因时、因地、因事统筹规划，找到最优解决方案，以不断满足人民日益增长的优美生态环境的需要。

3.3 遥相关、古北界：一级生命共同体基底构建

3.3.1 构建原则

一级生命共同体基底的构建原则主要是对内力作用与外力作用的综合思考，内力作用方面，考虑地理作用和板块作用在短期内保持稳定的特点，主要以岩石圈作用下的全球山水构架为构建原则；外力作用方面，主要以全球气候带特征对空间地理范围的影响为构建原则。

首先，内力作用方面，岩石圈是类地行星或天然卫星的外层，其机械性质是刚性的。在地球上，岩石群是由地壳和上地幔的一部分组成，

在数千年或更长的时间尺度上表现出弹性。基于此，全球的山水构架是在漫长的演化之中形成的，按照山水格局的空间规模差异，可将其分成若干不同的空间单元，山水构架就是一定区域内非人工的自然山水要素的空间分布与配置，即为该区域的自然山水本底[8]。自然山水要素是指受到人类间接、轻微影响的自然山体、自然水体及具有一定面积的森林、草地等绿地[9]。山水格局中包含着大量信息，山脉水系的走向及大小等级、山水秩序、植被类型甚至生物物种等。

其次，外力作用方面，全球气候带特征指的是气候要素，即气温、气压、风和降水等在全球范围内的分布特征及其随季节变化的特征[10]。世界主要气候类型为：主要分布在赤道附近的热带雨林气候；主要分布在热带雨林气候的南北两侧的热带草原气候；主要分布在印度半岛和中南半岛的热带季风气候；主要分布在南北回归线经过的内陆地区以及大陆的两岸地区的热带沙漠气候；主要分布在中国东南部的亚热带季风气候；主要分布在美国东南部、巴西东南部，以及阿根廷、澳大利亚等的沿海地区的亚热带季风性湿润气候；主要分布在南北纬30°～40°的大陆西岸的地中海气候；集中分布在我国的东北部、俄罗斯的东南部、朝鲜半岛和附近的岛屿地区的温带季风气候；主要分布在中纬地区的大陆西岸的温带海洋性气候；主要分布在亚欧大陆和北美洲的温带大陆性气候；主要分布于亚欧大陆北冰洋沿岸和北美洲北冰洋沿岸的亚寒带针叶林气候和苔原气候；以及分布于格陵兰岛的冰原气候[11]。

3.3.2 全球板块划分与生态系统特征

3.3.2.1 全球板块划分情况

萨维尔·勒皮雄在 1968 年以岩石圈的形成特征，将全球划分为六大板块：太平洋板块、亚欧板块、非洲板块、美洲板块、印度洋板块和南极洲板块[12]。其中，除太平洋板块几乎全为海洋外，其余五个板块既包括大陆又包括海洋[13]，太平洋板块东以太平洋海隆为界，北、西、西南都为深海沟，与阿留申岛弧、日本岛弧、菲律宾板块和印度板块接界，南部以海岭同南极洲板块相接的板块[14]。该研究对于全球板块生态系统特征分析主要集中于以上板块，除了这些板块之外，地球上还分布其他的大大小小的板块，研究暂不进行分析。

在岩石圈的影响下，全球范围内形成了高低错落的地形地貌（图3-3），如平原、盆地、丘陵、山地、高原等，以及特征各异的土地类型（图3-4），如耕地（旱地、水田），林地，草地，戈壁，荒漠，石山等，以上均为分析重庆广阳岛生态城所在的一级生命共同体基底的根本依据。

3.3.2.2 全球生态系统特征情况

（1）全球三大生态系统

生态系统指在自然界的一定空间内，生物群落与其生存环境构成的统一整体，在这个统一整体中，生物与环境之间相互影响、相互制约，并在一定时期内处于相对稳定的动态平衡状态[15]。生物群落内不同生物种群的生存环境包括非生物环境和生物环境：非生物环境又称无机环境、物理环境，如各种化学物质、气候因素等[16]；生物环境又称有机环境，如不同种群的生物[17]。为探讨全球生命共同体的特征，需要系统梳理全球生态系统特征，将其归纳为海洋、森林、湿地三大生态系统，重庆广阳岛生态城一级生命共同体基底包括这三类生态系统。

第一，海洋生态系统是海洋中由生物群落及其与环境相互作用所构成的自然系统，海洋生态系统的研究开始于20世纪70年代。广义而言，全球海洋是一个大生态系统，其中包含许多不同等级的次级生态系统。每个次级生态系统占据一定的空间，由相互作用的生物和非生物，通过能量流和物质流形成具有一定结构和功能的统一体。按海区划分，一般分为河口生态系统、浅海生态系统、大洋生态系统等；按生物群落划分，一般分为红树林生态系统、珊瑚礁生态系统、藻类生态系统等。

第二，森林生态系统由森林中生物群落及其与环境相互作用所构成的自然系统，分为热带雨林、亚热带常绿阔叶林、温带落叶阔叶林及北方针叶林等生态系统，是陆地上生物总量最高的生态系统，对陆地生态环境有决定性的影响。森林生态系统是陆地上最大的生态系统，与陆地上其他生态系统相比，森林生态系统的组成最复杂、结构最完整、能量转换和物质循环最旺盛，因而生物生产力最高，生态效应最强。

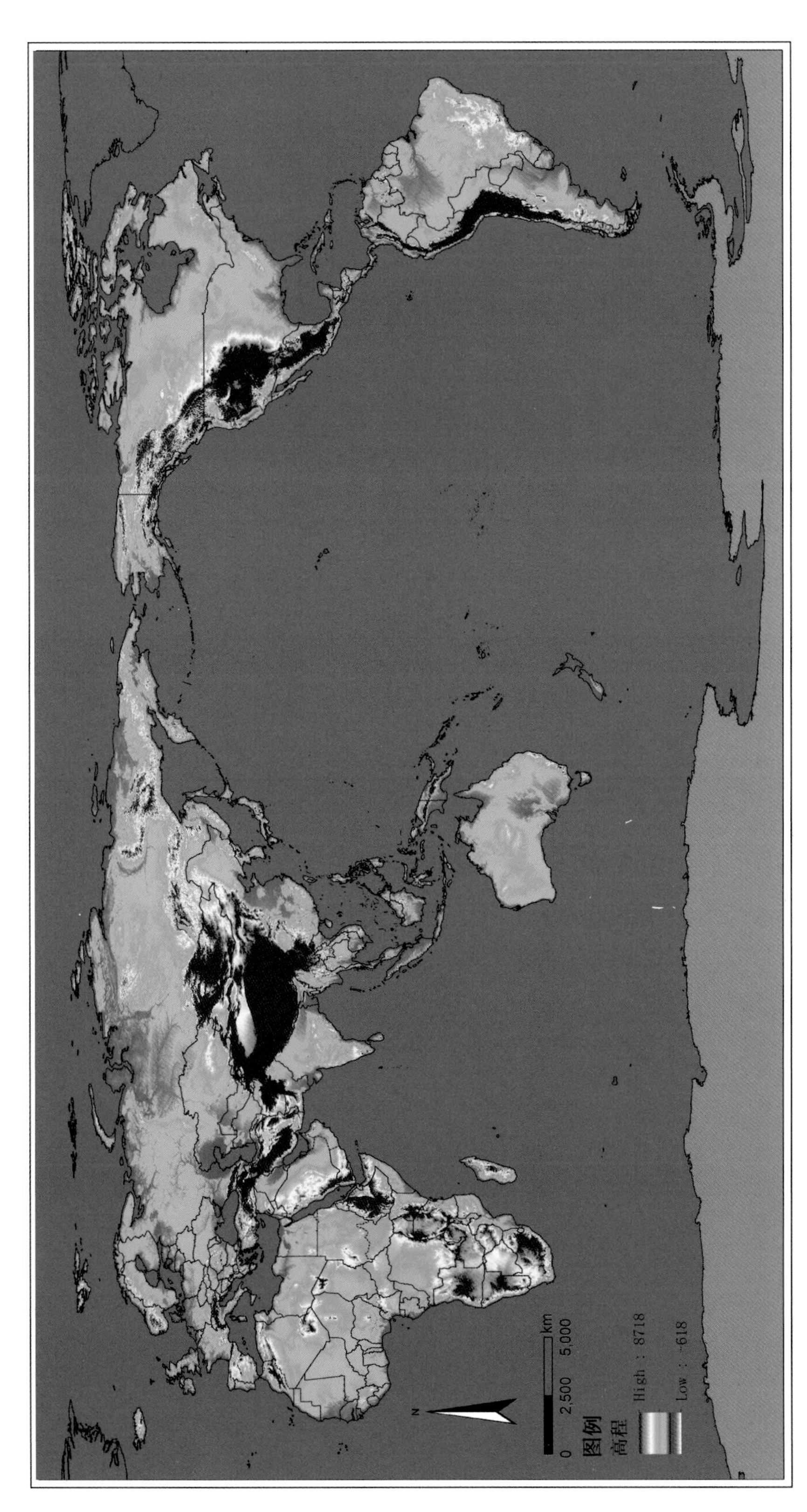

图 3-3　全球高程分析图（底图来源：世界地图 审图号 GS（2016）1665 号 自然资源部监制）

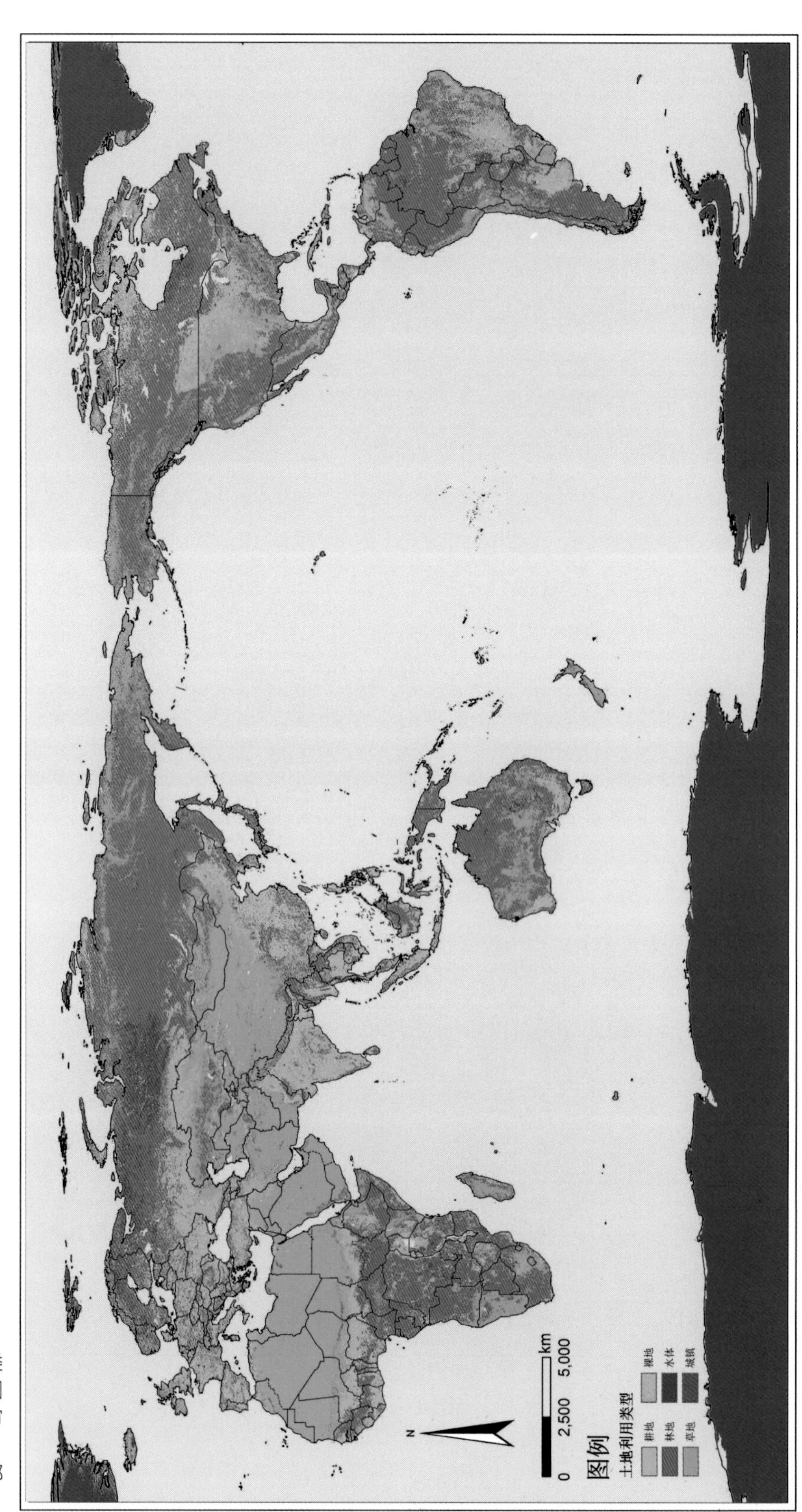

图 3-4　全球土地类型构成分析图（底图来源：世界地图 审图 号 GS（2016）1665 号 自然资源部监制）

第三，湿地是全球环境中价值最高的生态系统，根据《湿地公约》的定义，湿地包括沼泽、泥炭地、湿草甸、湖泊、河流、滞蓄洪区、河口三角洲、滩涂、水库、池塘、水稻田以及低潮时水深浅于 6 米的海域地带等。湿地孕育着丰富的自然资源，被人们称为“地球之肾”、物种贮存库、气候调节器，在保护生态环境、保持生物多样性以及珍稀物种资源以及涵养水源、蓄洪防旱、降解污染、调节气候、防止自然灾害等方面，乃至发展经济社会中，具有不可替代的重要作用。

（2）生态系统条件对人类活动的影响

生物群落同其生存环境之间以及生物群落内不同种群生物之间不断地进行着物质交换和能量流动，并处于互相作用和互相影响的动态平衡之中。人类虽然是生态系统的调控者，但生态系统的条件也反作用于人类活动，并决定了全球人口的分布特征[18]，因为人类生活在一定的自然环境中，人们的生产、生活活动都离不开自然环境，而人类利用自然也首先是选择能获得更多经济效益的地方。当前世界人口的绝大部分居住在温带、亚热带和热带的平原地区，而高纬、高山的寒冷地区，沙漠、半沙漠的干燥地区以及冰封的南极大陆内部至今人烟稀少或无人定居，就是自然条件影响人口分布的明显例证（图 3-5）。

此外，城市的开发历史、移民活动，以及政治动乱、战争和不同时期统治阶级的人口政策等，都会影响地区人口增长和人口移动，也会在人口地理分布上表现出来。同时，由于城市建筑群密集、柏油路和水泥路面比郊区的土壤、植被具有更大的吸热率和更小的比热容，使得城市地区升温较快，并向四周和大气中大量辐射，造成了同一时间城区气温普遍高于周围的郊区气温，高温的城区处于低温的郊区包围之城市热岛效应中，如同汪洋大海中的岛屿，人们把这种现象称之热岛效应为城市热岛效应。

随着城市化进程的加快，水泥、柏油路面和混凝土结构的建筑物所占的面积比重越来越高，占城市下垫面面积的 70% 以上，而绿地和水体面积相对郊区较少。郊区以植被草地水体为主，城郊下垫面差异十分显著。城郊下垫面性质差异主要表现为：城市反射率比绿地小，在相同的太阳辐射条件下，城市下垫面比郊区下垫面能吸收更多的太阳辐射，而城市下垫面的热容量比郊区下垫面小，城市下垫面吸收太阳辐射使自

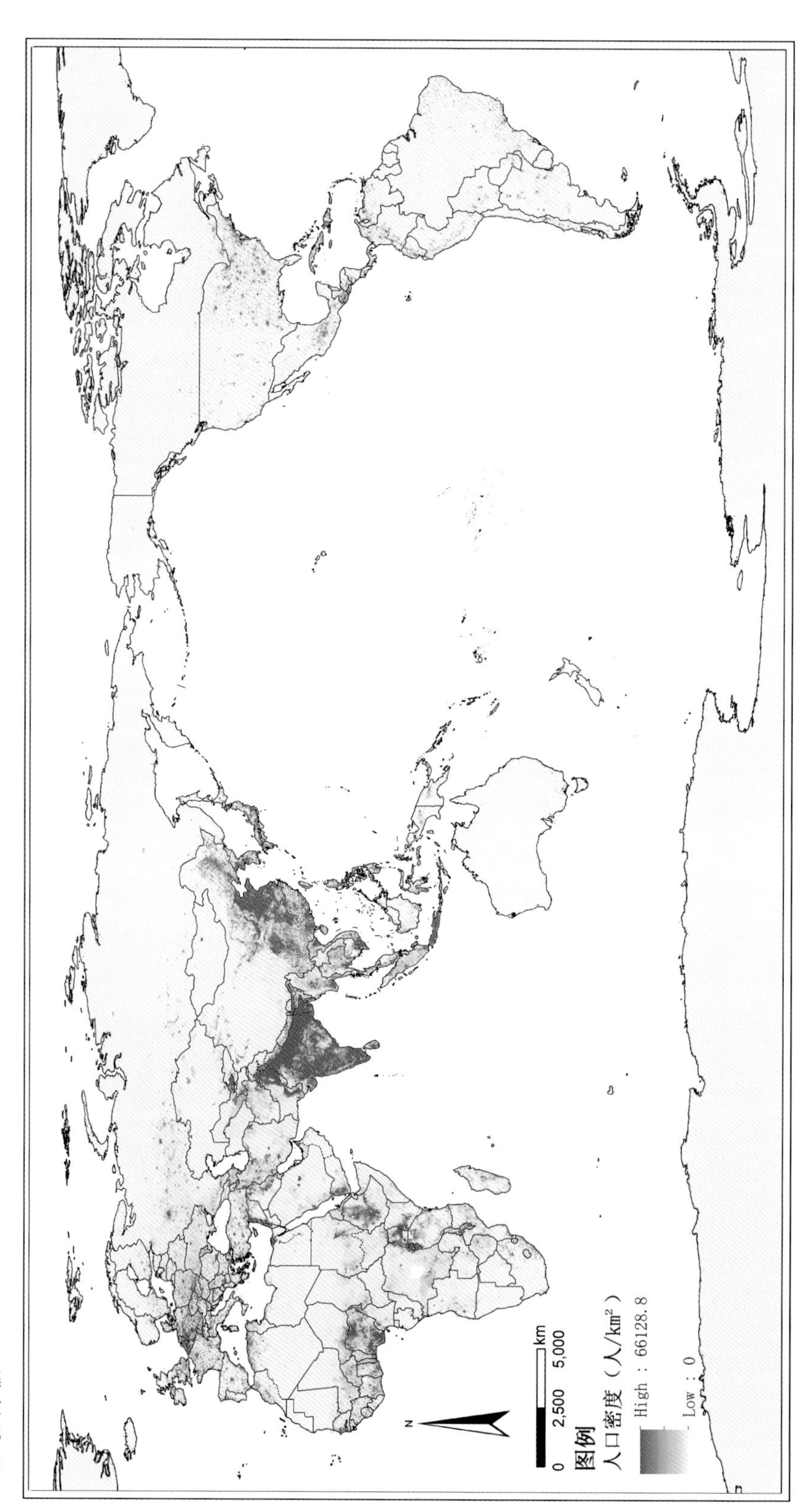

图 3-5 人口聚集程度（底图来源：世界地图 审图号 GS（2016）1665 号 自然资源部监制）

身升温迅速并吸收更多热量。同时城市建筑高大密集，墙体与地面、墙体与墙体之间多次反射吸收热量，使得城市近地层空气温度维持在一个高值。

城市人口的增加，城市的扩张，使得原来的农村变为现在的郊区甚至是城镇。下垫面的土壤、水面以及土地覆盖类型逐渐减少，取而代之的是由水泥、沥青以及金属混合物组成的不透水表面，这样就导致了地表水分蒸腾作用减少、径流加速、显热的储存和传输增加以及水质降低等一系列环境问题的出现。同时绿地水体林木面积的锐减也就相当于减少了消除温室效应的天然吸收器，温室气体得不到有效大量的吸收，进而使城市成为一个热源。

不同地理位置的城市，诸如海滨和内陆处在不同的大气候背景下，受到海陆风、海洋比热容大的影响，海滨城市日变化最大热岛强度比内陆要低，增幅也缓慢。并且发现沿海港口城市会有热岛强度的一个年际循环变化，这一点内陆城市则不明显。有时候外部气象条件，例如气压场稳定、气压梯度小、无风无对流运动，热量不易散发也会加剧城市热岛效应。热岛不仅在不同城市气候条件下，有时在同一城市不同气象背景气候条件下城市热岛强度和时空分布特征效应也不尽相同（图 3-6）。

3.3.3 物质、能量交换和生物迁徙

3.3.3.1 物质、能量交换情况

自然环境中的物质运动和能量交换包含了丰富的内涵，如地球表面形态变化、大气运动与气候变化以及水循环和洋流等。影响全球物质和能量交换的主要因子包括内部因子和外部因子两大类。内部因子是指气候系统内的热力、动力和下垫面诸因子及其相互作用。外部因子是指宇宙及地球的其他因子（来自气候系统下边界以下的地球内力作用）和人类活动因子。

具体来说，全球物质运动和能量交换的影响因素包括全球气候变化的外部强迫和大气系统内部的自然变化两类。从地气系统辐射平衡原理出发，外部强迫机制主要是由于地球轨道参数变化和太阳活动引起的大气上界辐射及其分布的变化、大气温室气体的变化、气溶胶变化与火山

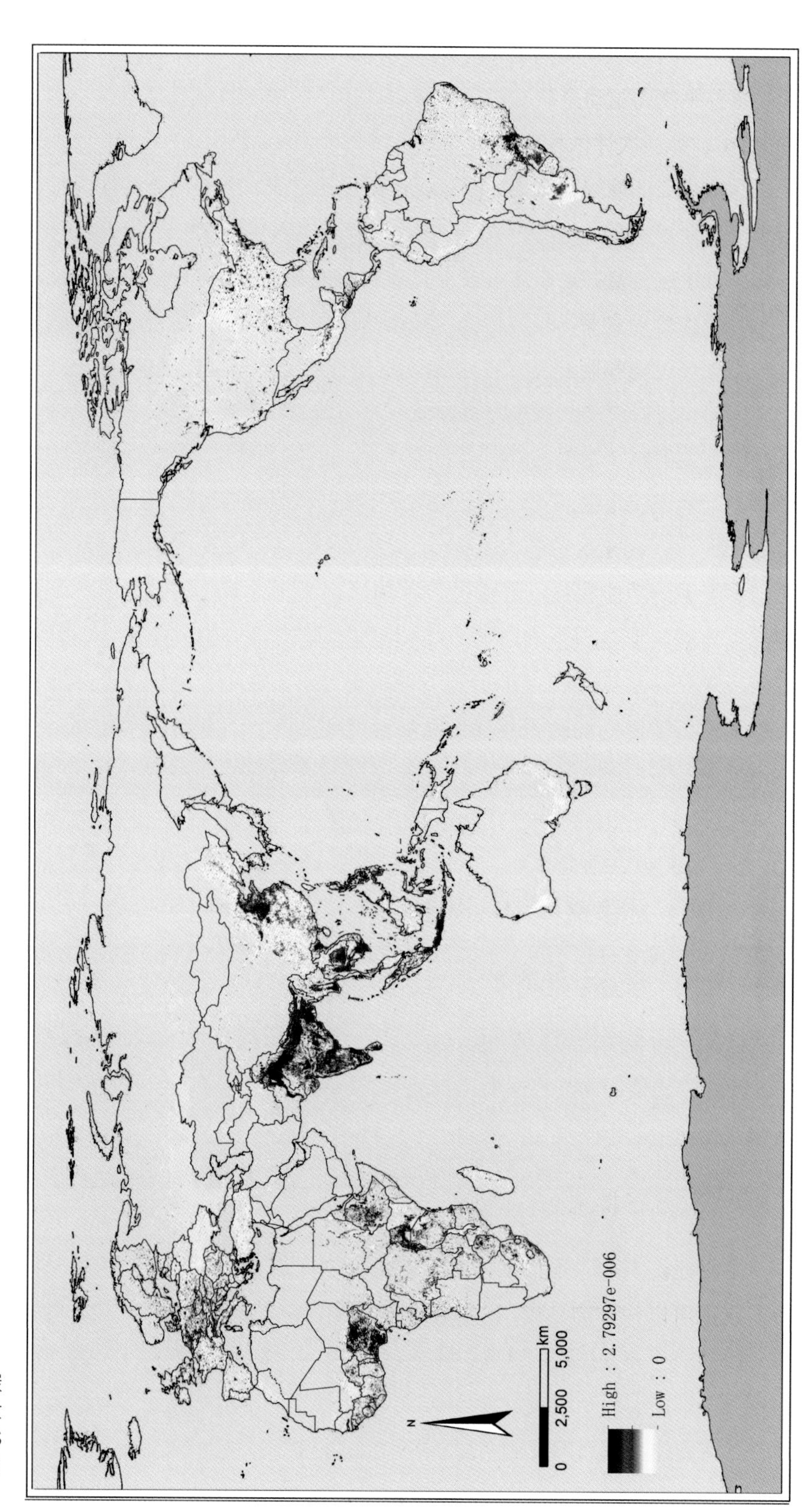

图3-6 二氧化碳浓度（底图来源：世界地图 审图号GS（2016）1665号 自然资源部监制）

活动、下垫面物理景观变化等，这些变化通过影响地—气系统辐射和热量、水分平衡而驱动全球长期气候变化（图 3-7）。

IPCC 第五次评估报告表明，生物多样性保护和气候变化应对是两大全球性热点环境问题。而伴随着城市的迅速扩张，人类对自然的开发和改造力度不断增强，自然景观破碎化现象日益严重[19]，而栖息地的破碎化减少了生物量并改变着养分循环，损害着关键的生态系统功能[20]。生态廊道作为一种景观元素连同景观格局的同时[21]，也是生态流的通道，屏蔽、过滤和阻断着某些生态流的负作用[22]。城市生态廊道处于生态用地与建设用地间能量交换的前沿，对城市生态系统的维护具有重要作用[23]。

21 世纪以来，生态廊道构建被视为是应对气候变化损失和危害的措施之一[24]。构建生态环境保护需要的生态廊道，对保护生物多样性、提升生态系统功能和维持区域生态安全格局具有重要意义[25]。气候变化对自然保护地的影响有显著的区域性特征，它并非孤立割裂的，生态廊道网络的构建有利于物种进行基因流动并向适宜的栖息地迁移，促进加强隔离种群之间的遗传联系，生物多样性适应气候变化也更具灵活性，自然保护区适应气候变化风险的综合能力显著增强。

在国际上，自然保护区规划设计中，也非常重视考虑气候变化对物种迁移的影响和生态廊道建设，通常将可在不同气候情景下均能适应气候变化的保护区作为优先保护区域。当前，中国 40% 的自然保护区分布在西部，25% 分布在较贫困地区，由于缺乏应有的资金保障，自然保护区容易变成一个躯壳，以至演变成无自然保护可言的“孤岛”[26]，无法满足生物多样性保护和野生动物的迁徙需求。为使主要保护物种能自由扩散、迁徙，需要构建生态廊道网络，保障自然保护地之间的连通性与完整性，减小气候变化对生物多样性保护的威胁[27]。

3.3.3.2 生物迁徙情况

生物迁徙方面，现代生物学家认为动物迁徙的根本原因是自然选择，迁徙可以使动物利用多种栖息地内并不是在任何时期都存在的资源。迁徙是一种生物有规律的、沿相对固定的路线、定时地长距离的往返移居的行为现象，生物迁徙的发生大多是由于外界环境的变化压力下，动物为生存做出的被迫选择，生物迁徙往往是为了寻找更加适合生

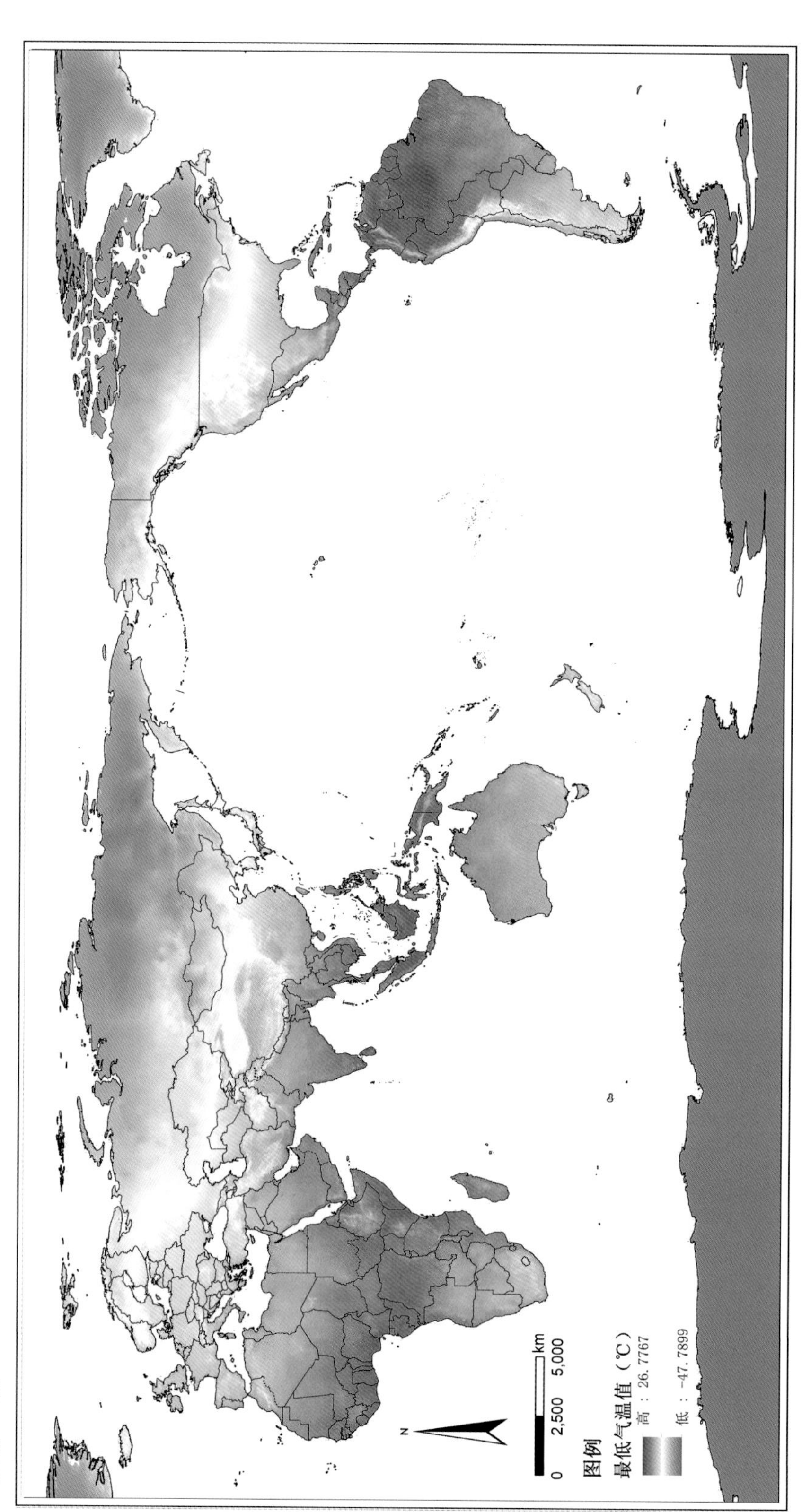

图 3-7　全球年平均地表温度（底图来源：世界地图 审图号 GS（2016）1665 号 自然资源部监制）

存的环境，更充足的食物，或是更舒适的气候和更利于繁殖的条件[28]。科学研究发现，引起迁徙的外部因素中，日照的周期变化是一个最重要的因子，即使是在冬天；用增加日照长度的方法也可以诱发非热带地区很多种动物的迁徙行为。另外，环境的变化有时会引起一些动物尤其是很多昆虫的迁徙。气候的变化对生物的适应性造成了挑战，并改变着生物的迁徙轨迹（图 3-8）[29]。在过去的几十年中，地球的气候发生着剧烈的变化，气候的急速变迁给全球的生物多样性造成了巨大影响，改变了许多生物物种分布，气候变化因素应成为生物多样性保护战略的主要考虑因素之一，可通过整合现有对未来气候变化的知识，来选择设计管理计划和选择保护地[30]。

3.3.4 一级生命共同体划定

全球大气环流的变化和异常存在相关性，一个区域的环流异常可以引起距离遥远的另一个区域的环流异常，这种遥远距离的大气环流变化与异常间的相关联称为大气遥相关，“遥相关”最早由 1879 年 Hiedbrandon 提出[31]。

在“遥相关”理论所支撑的综合思考下，基于以上分析，综合叠加板块和气候带特征，考虑物质流、生态流、微气候循环流、能量流，以及与人类活动的相关的资金流、信息流等，来划分一级全球生命共同体，不可能把任何一个生命共同体简单地去剥离出来。

综合分析可知，广阳岛生态城处于“古北界”的全球级别生命共同体体系当中（图 3-9），古北界（Palaearctic Realm）是一个以欧亚大陆为主的动物地理分区，涵盖整个欧洲、北回归线以北的非洲和阿拉伯、喜马拉雅山脉和秦岭以北的亚洲，主要山脉东西走向。作为面积最大，且气候、自然环境、生态栖息地类型等非常多样的动物区系，古北界范围在史前时期曾经是很多动物类群的演化中心[32]。

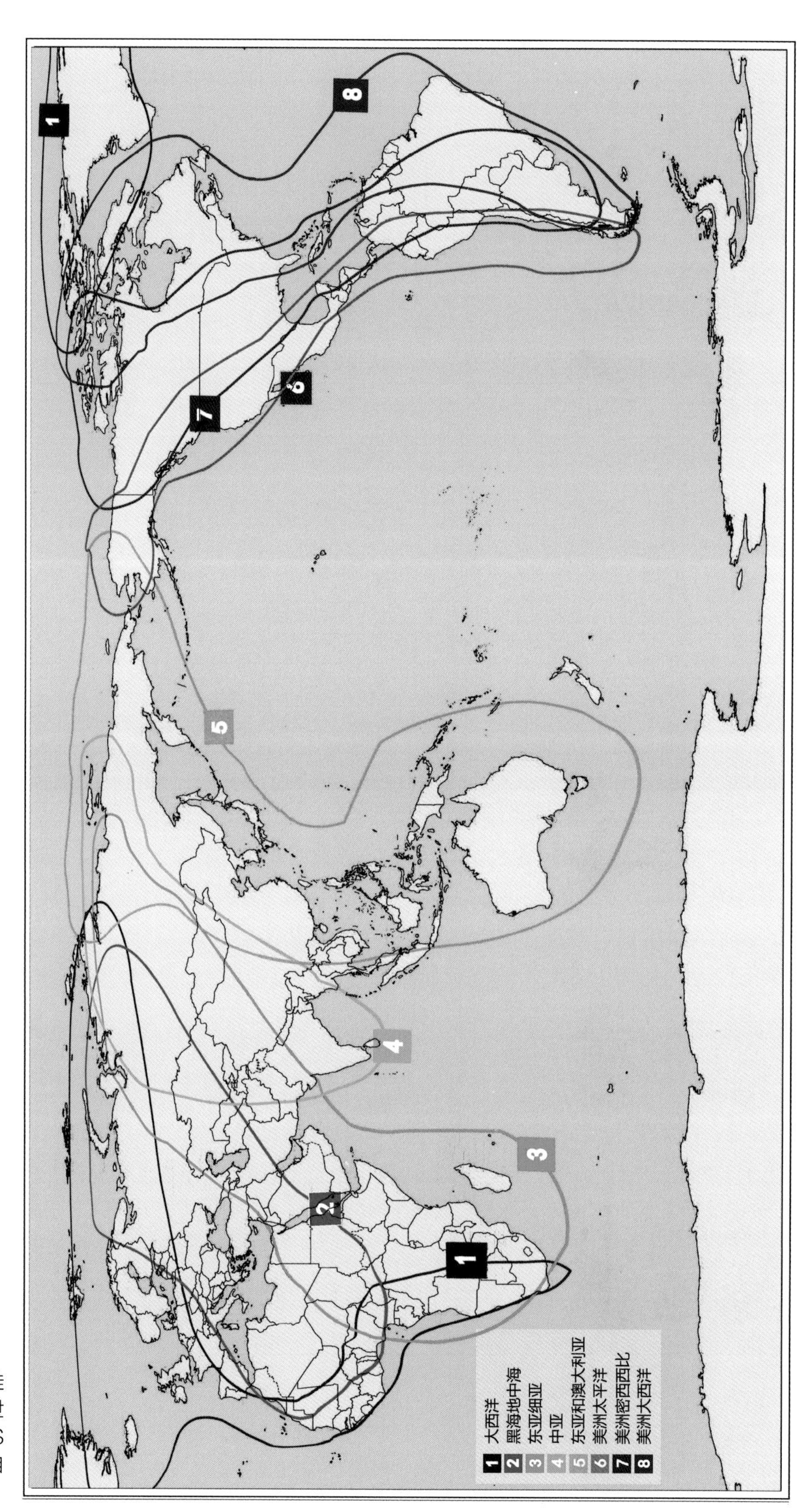

图 3-8 候鸟迁徙路径（底图来源：世界地图 审图号 GS（2016）1665 号 自然资源部监制）

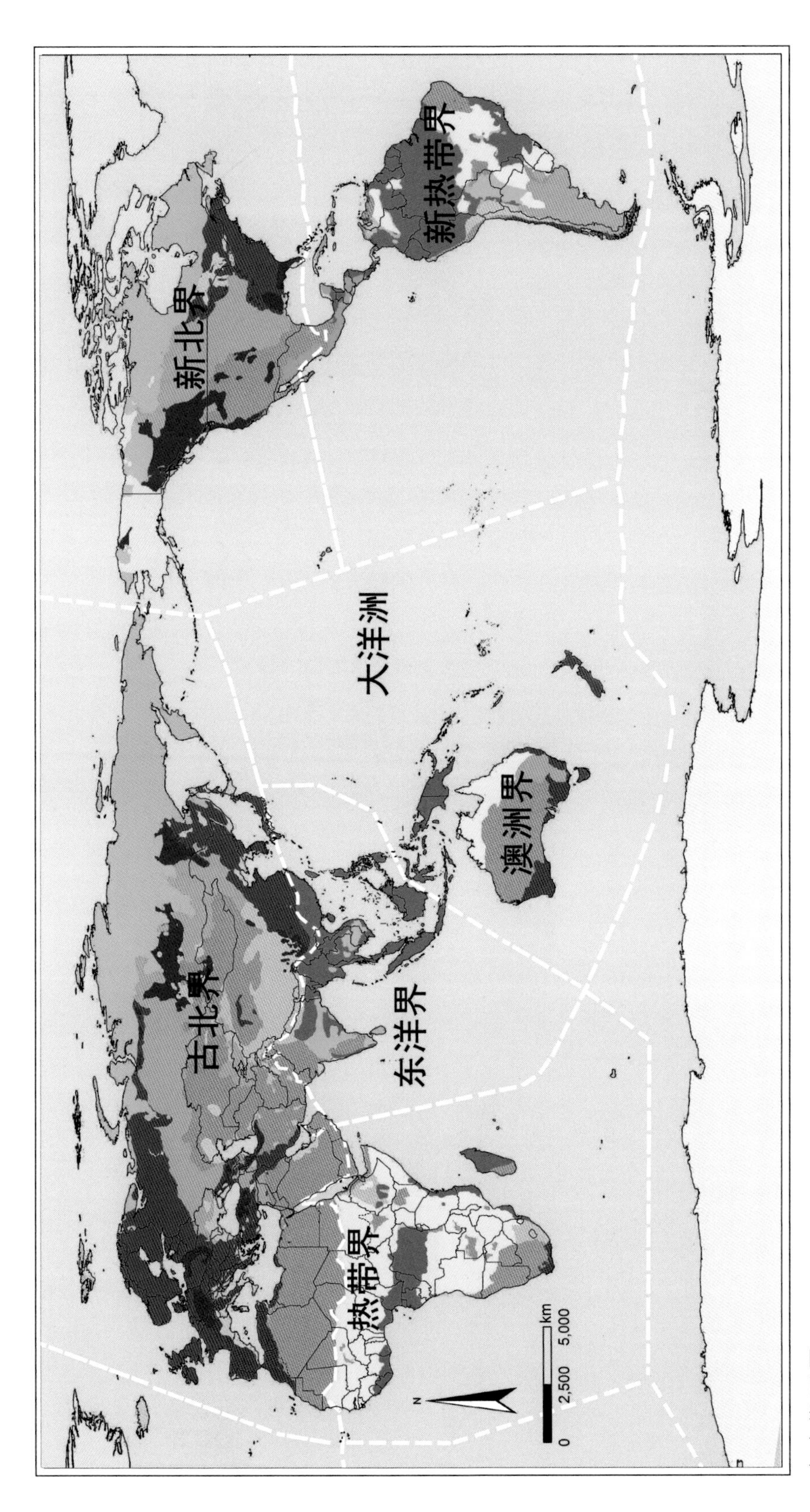

图 3-9　一级生命共同体基底划定（底图来源：世界地图 审图号 GS（2016）1665 号 自然资源部监制）

3.4 山林水湖腹地、长江流域体系：二级生命共同体基底构建

3.4.1 构建原则

与一级生命共同体基底的构建原则类似，二级生命共同体基底的构建同样是对内力作用与外力作用的综合思考。在内力作用方面，主要以在一定区域范围内相对稳定的地形条件和山水构架为构建原则；在外力作用方面，以地形条件及山水构架内的山体、流域范围的生态环境特征为主导，兼顾太阳辐射对空间地理范围的影响，以此形成构建二级共同体基底的基本原则。在内力、外力的综合作用下，二级共同体基底的构建首先要形成结构、功能相对独立的生态系统，其次要实现生命共同体基底要达到互促共生、并提供充足的生态服务功能。

第一，形成结构、功能相对独立的生态系统。既要考虑城市空间远期发展与生态潜在功能的开发，增强社会经济发展的生态环境支撑力，促进地区可持续发展。地方经济的发展是实现生态保护目标的根本保证。为此，功能分区应充分体现地方社会经济发展的需求，考虑到小城镇的长远规划及潜在功能的开发，同时注意它的环境承载力，尽量提高生态环境功能级别，使其环境质量不断得到改善[33]。

另外，生态区域的划分和生态环境保护的规划，归根结底是为生态保护与环境管理服务的，所以，在区划中应合理利用资源和环境容量。相对独立的生态系统应把人居环境和自然生态保护放在首要位置，坚持以人为本、与自然和谐的原则[34]。在相对独立的生态系统中既要避免各类经济活动对居民造成的不良影响，以及工业、生活污染对居民身体健康的威胁。同时，要考虑与现行的行政区划、社会经济属性相关联。确定功能区划边界时要尽量与行政区划界线接轨，以便于环境保护和管理。

第二，内部互促共生，对外提供生态服务。生态系统服务功能是指人类从生态系统中获得的效益。生态系统给人类提供各种效益，包括供给功能、调节功能、文化功能以及支持功能。一类是生态系统产品，如食品、原材料、能源等；另一类是对人类生存及生活质量有贡献的生态系统功能，如调节气候及大气中的气体组成、涵养水源及保持土壤、支

持生命的自然环境条件等。具体包括以下方面：

（1）有机质的生产与生态系统产品：生态系统为人类提供大量的食物、生产原料和能源。

（2）生物多样性的产生与维持：生态系统不仅为各类生物提供繁衍生息地，更重要的是为生物进化及生物多样性的产生、形成提供了必要条件。同时，生态系统通过各生物群落共同创造了适宜于生物生存的环境。

（3）调节气候：生态系统在全球气候的调节中起到了极为重要的作用。生态系统通过光合作用能有效地减缓全球气候变暖的趋势。森林生态系统可以有效减少区域水分的损失，而且还有减弱气温急剧变化的功能。

（4）土壤的生态服务功能：土壤除在水分循环中起重要作用外，还为植物完成其生命周期提供场所，并为植物提供养分。土壤是具有理化、生物特征的有机与无机耦合的多元复合体，有固、液、气三相结构和水、肥、气、热等功能，是支撑作物生长的平台和农业生产的重要资源，特别是通过增施有机质和多元化肥，可以培肥地力，辅之栽培技术，可以提高作物产量和质量。其关键肌理是通过有机质的矿化作用，既供应作物生长发育所需肥料，又能使对人类有害的微生物无害化，确保农产品安全高效。

（5）环境净化：陆地生态系统的生物净化作用包括生态系统对大气污染的净化作用和对土壤污染的净化作用。绿色植物能够维持大气环境化学组成的平衡，吸附或吸收转化空气中的有害物质。此外，植物对烟灰、粉尘也有明显的阻挡、过滤和吸附作用。

3.4.2 地形条件与山水架构特征

基于卫星遥感影像和景观生态学斑块—廊道—基底理论，划分森林、湿地、草地等生态景观基底；基于数字高程模型（DEM）构建地形地貌。综合不同景观基底、地形地貌，以及古北界的地形和山水格局特征，划分区域二级生命共同体基底。

根据一级生命共同体基底的范围，在二级生命共同体基底的划定过程中，重点考虑山林围合与水湖连接，山林围合为形成了相对独立的大气、水、动植物环境，水湖连接支撑了物质、能量交互。

生命共同体基底的划定是对区域生态环境划分和合并的研究[35]，将山体环绕的四川盆地区域与连接亚洲水塔的流域合并，并结合一级生命共同体边界，形成二级生命共同体基底。以各个区划要素或各个部门的综合区划，包括水文地质区划、地形地貌区划、土壤区划、植被区划、水土流失区划、地震灾害区划、综合自然区划、生态敏感性区划、生态服务功能区划等图件为基础，通过空间叠置，以相重合的界限或平均位置作为新区划的界限。

3.4.3 山体、流域特色及局部气候特征

二级生命共同体基底的研究范围内地形复杂多样，平原、高原、山地、丘陵、盆地五种地形齐备，山区面积广大，地势西高东低，高山、高原都分布在大兴安岭——太行山——巫山——雪峰山一线以西，丘陵和平原主要分布在这一线以东[36]。黄河、长江、珠江等主要河流发源于西部的高原、山区，顺着地势的倾斜，东流入海。这西高东低的地形，按海拔的差别，略呈阶梯状，可以分为较明显的三级阶梯：西南部的青藏高原，平均海拔在 4000 米以上，为第一阶梯；大兴安岭——太行山——巫山——云贵高原东一线以西与第一阶梯之间为第二级阶梯，海拔在 1000～2000 米之间，主要为高原和盆地；第二阶梯以东，海平线以上的陆面为第三级阶梯，海拔在 500 米以下，主要为丘陵和平原[37]。

与重庆广阳岛生态城区域相关的地形条件及山水格局主要包括被誉为亚洲水塔的青藏高原、四川盆地以及长江流域等，各自具有独特的山体、流域特征，以及局部气候特征，这些特征是划定二级生命共同体基底的基础。

3.4.3.1 青藏高原

青藏高原西起帕米尔高原，东抵横断山区，北边是昆仑山、阿尔金山和祁连山，南边是喀喇昆仑山和喜马拉雅山。青藏高原在生态学领域被誉为“亚洲水塔”，作为最高一级地势阶梯，一般海拔在 3000～5000 米之间，平均海拔 4000 米以上。其幅员广阔、地势高亢，是全球海拔最高的巨型地貌构造单元，形成了全世界最高、最年轻而水平地带性和垂直地带性紧密结合的自然地理单元，也是东亚和南亚许多大河的发源地[38]。对于重庆广阳岛生态城而言，根据长江上游及其支流的流域特点与水文特色，形成了二级生命共同体基底在青藏高原范围内的水湖腹地范围。

在高原的边缘普遍存在着地势抬升、河流深切的地形，发育着众多的峡谷。而高原寒旱化趋势增强，湖泊消退，水系变迁，内部夷平，外

部陡切以及土壤剖面分化简单，矿物风化程度浅等则显示出高原自然地理特征的年轻性[39]。这部分山体腹地被包含在了水湖腹地之中，因此涉及青藏高原的区域腹地以水湖腹地为准。

3.4.3.2 四川盆地

四川盆地总面积约 26 万多平方公里，位于亚洲大陆中南部。可明显分为边缘山地和盆地底部两大部分，其面积分别为 10 万多和 16 多万平方公里[40]。边缘山地多中山和低山。景观各要素过渡性明显，动植物组成上分别渗透了华中区、西南区、青藏高原区和华北区的成分。边缘山地区从下而上一般具有 2～5 个垂直自然分带。边缘山地是四川多种经济林木和用材林基地。盆地底部多丘陵、低山和平原，地表组成物质新而单一，多砂泥岩与第四纪沉积物。根据山体及动植物的特征，考虑重庆广阳岛生态城所处区域在山林特性及动植物特征的统一性，划定二级生命共同体基底在四川盆地区域的山林腹地范围，与在青藏高原区域的山林、水湖腹地范围形成叠加、嵌套关系。

四川盆地气候上属中亚热带，热量远比边缘山地为高，但降水量不及边缘山地[41]。四川盆地的水系以长江水系为主，河流数量多，水量巨大，因其特殊的地形，气候相似于海洋性气候，夏季高温多雨，冬季较暖，昼夜温差小，全年气候潮湿。因四周高中间低的形态，空气不易内外流动，水蒸气不易扩散，导致空气湿度大，云雾密布，多夜雨。虽然盆地内晴朗天气少，但其纬度较低，气温较高，太阳照射角度大（图3-10），加上充足的雨量，盆地内亚热带植物多种多样[42]。

3.4.3.3 长江流域

长江是中国水量最丰富的河流，水资源总量 9616 亿立方米，约占全国河流径流总量的 36%。在水文特征上，长江由河源到河口横跨中国地形上的三级巨大阶梯，穿过不同的地质构造和岩层，沿途接纳支流的汇入，对长江的河谷形态和水流特性产生不同的影响。按水文、地貌特点把干流划分为上、中、下游 3 段：从河源至宜昌市为上游段，宜昌市至湖口为中游段，湖口以下为下游段。长江上游段横跨两个地形阶梯，长 4529 千米，占长江长度的 72%，流域面积 100.6 万平方千米，占流域面积的 55.6%。其中，高原段水流较为平缓，含沙量及流量较小，而峡谷段水流湍急，水量含沙量都较大。长江出三峡从宜昌以下，

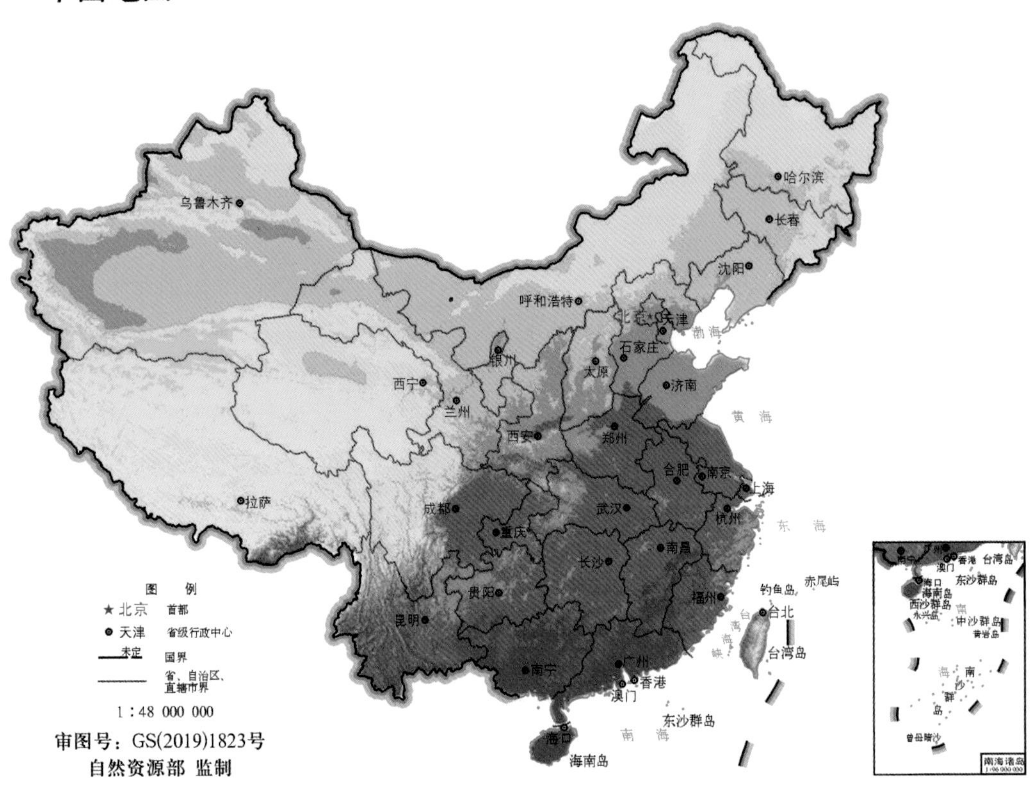

图 3-10 宜居的近地表气温（底图来源：中国地图 审图号 GS（2019）1823 号 自然资源部监制）

进入第三级阶梯的长江中下游平原，江面展宽，水流缓慢，河道弯曲，汛期易有洪涝灾害；长江下游水深江宽，从湖口到入海口，长 844 千米，占长江长度 13.3%。流域面积 12.3 万平方公里，占流域面积的 6.8%，江阔水深，岛屿众多，水流平缓，入海口处，由于海水倒灌，使江水流速减缓，所携带的泥沙便在下游河段，尤其是靠近河口段沉积下来，因此，在江心形成了数十个大小不一的沙洲，其中最大的是崇明岛。

长江流域幅员辽阔，地形复杂，连接了青藏高原、四川盆地等两个区域在重庆广阳岛生态城二级生命共同体的腹地范围，因而气候类型也多种多样，总体上讲，长江流域气候温暖，雨量充足，中下游地区四季分明，气候变暖都伴随着季节多雨（变湿），变暖越明显，增湿也越明显。

3.4.4 二级生命共同体划定

生态系统本身的连续性和完整性、不同生态要素的关联程度。重庆广阳岛生态城二级生命共同体范围的划定（图 3-11），是在一级生命

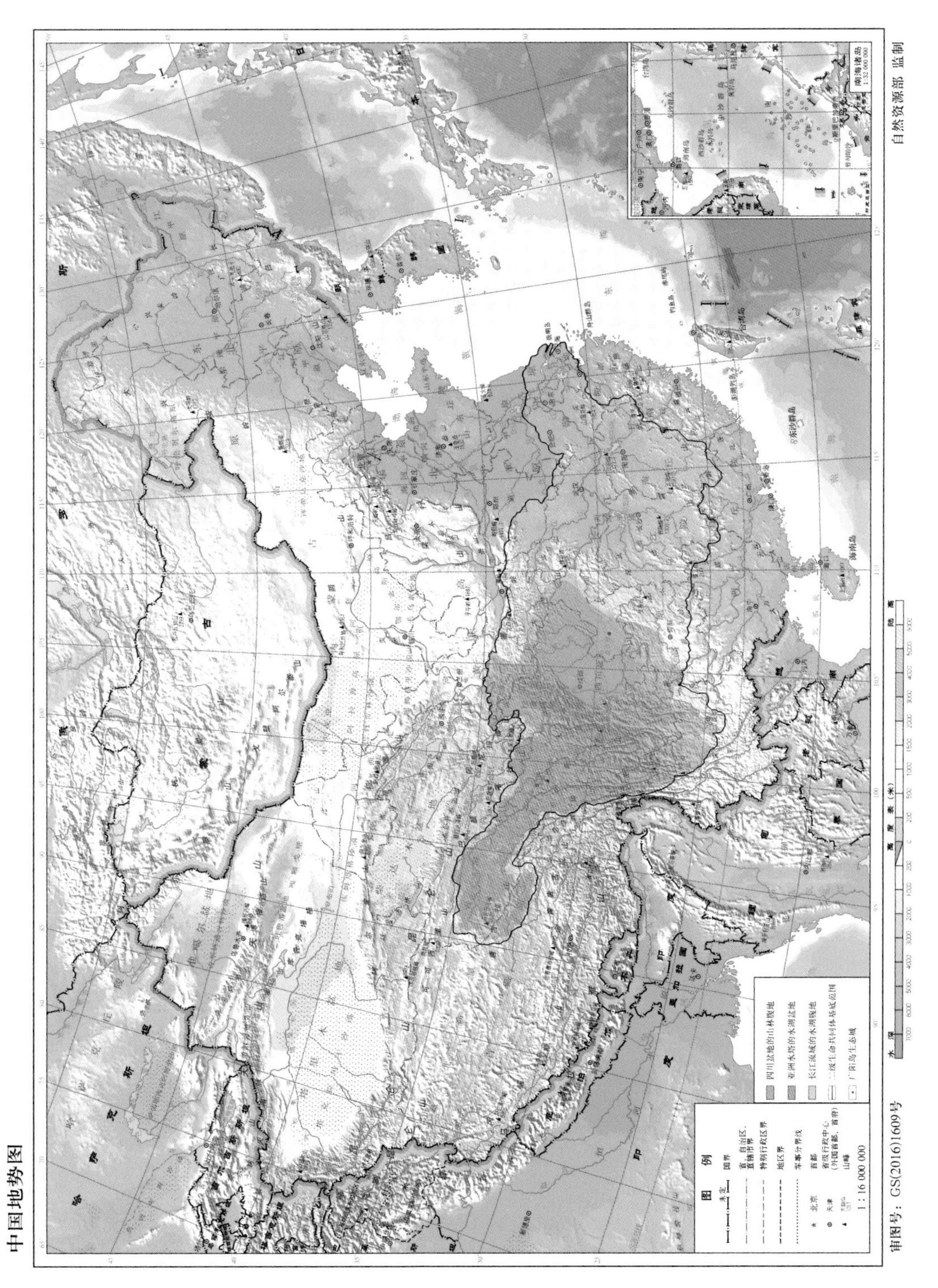

图 3-11　二级生命共同体基底划定（底图来源：中国地势图 审图号 GS（2016）1609 号 自然资源部监制）

共同体范围内进行统筹考虑，根据山水格局、地形地貌、动植物特征等，将其划分为国内分为 24 个二级生命共同体单元，包括三大流域、六大高原、七大平原、八大盆地，即长江流域（含三峡水土保持功能区）、黄河流域、恒河流域、青藏高原、帕米尔高原、伊朗高原、中西伯利亚高原、德干高原、蒙古高原、东欧平原、西西伯利亚平原、土兰平原、印度河—恒河平原、美索不达米亚平原、华北平原、东北平原、西伯利亚盆地、塔里木盆地、鄂尔多斯盆地、渤海—华北盆地、高加索盆地、四川盆地、尼罗河上游盆地、柴达木盆地等。

根据重庆广阳岛生态城所处的流域、山脉、地形的连续度和整合度，考虑生态系统的关联度，适当将二级生命共同体基底的范围进行叠加与延展，形成了由长江流域（含三峡水土保持功能区）、青藏高原、四川盆地组成的二级生命共同体基底，各单元进行叠加，总面积约为 180 万平方公里。

3.5 六大要素、一张基底：三级生命共同体基底构建

3.5.1 构建原则

在一级、二级生命共同体基底的构建过程中，山林、水湖腹地是生态系统中影响范围最大的要素，农田、草地等共同体要素以及物质能量循环等因素可以被包含入山林、水湖的生态腹地中。在三级生命共同体基底构建过程中，延续整体构建原则，以山水骨架为基础，综合研究山、水、林、田、湖、草六大生态要素的腹地范围，综合考虑各要素的格局、过程和功能的空间异质性以及生态功能的完整性 [43]，并融入人类活动，考虑生产、生活所需的物质、能量，生态环境向内提供人类发展的生态产品，对外支撑区域的可持续发展。根据腹地自生的基本原则，通过叠加形成重庆广阳岛生态城相对独立的生态环境区域，即三级生命共同体基底。

以重庆广阳岛生态城为研究中心，考虑与现行的行政区划、社会经济属性的相关性，生命共同体基底划分边界要尽量与行政区划界线接轨的原则，以便于环境保护和管理。第一，根据数字高程模型（DEM）的高程起伏特征划分连续的山体斑块；第二，根据流域的汇水特征划分流域斑块；第三，根据田、湖、草的连接度特征划分田、湖、草的完整斑块；第四，根据空气质量划分大气斑块。最后由山形水势和各类要素的斑块特征，划分出相对独立的生态区域。

3.5.2 生境要素特点

3.5.2.1 生境要素分布特征

（1）山—林要素

山—林要素包括铜锣山与明月山两条大型山脉，以及高峰山、长岭岗、登台岗、牛头山、金顶堡、大佛山、团山堡、石耳岗、望江山、琏珠山、卧龙山等 11 座城中山体及林带，整体分为槽谷西侧、中部、东侧三大区域：

槽谷西侧：紧邻铜锣山（南山、铁山坪），山前有长岭岗、望江山等山体。铜锣山全长 260 公里，宽 5～10 公里，一般海拔 600～1000 米，其中南山海拔最高 525 米，铁山坪海拔最高 570 米。铜锣山以常绿针叶林和常绿阔叶林植被类型为主，森林覆盖率 62% 以上，盛产马尾松、杉木、柏树，森林集中成片，植物种类繁多，还有人工培植的多种经济林木及花卉。南山、铁山坪因景区建筑、交通道路等改变山体地形地貌的建设活动导致山体破坏主。长岭岗的山体宽度约 670 米，海拔最高 405 米。望江山山体宽度约 400 米，海拔最高 310 米。

槽谷中部：山体主要有牛头山、广阳岛（高峰山）、卧龙山。牛头山位于重庆南岸区迎龙镇，牛头山面积约 4 平方公里，山体被开迎路打断，毗邻长生桥镇，渔溪河位于山体的东侧，牛头峰是牛头山的最高处，山高坡陡，海拔在 400 米以上，主要是林地和草地。高峰山所在的广阳岛是长江流域的内河岛屿，龙头峰等局部山体被开挖。卧龙山因城市建设被大规模场地平整，大部分山体被挖，山体景观连续性或完整性不复存在。

槽谷东侧：紧靠明月山山脉，有大佛山、金顶堡等山体。明月山山脉全长232公里，宽4～6公里，海拔最高605米，森林植被以常绿针叶林和常绿阔叶林为主。在规划区东北处，因长江横切山岭形成峡谷。岗岭坡地成为该区域主要的地貌，植被以构树、盐肤木、刺桐等乡土植物为主，同时分布较多灌草丛群落。明月山山体破坏较小，没有大规模的景区建设及建筑交通设施建设，部分的场镇有农田及耕地分布，对于低山丘陵处的山体有一定影响。

（2）河流（水）要素

水－湖要素主要包括长江及其7条河溪支流（图3-12），长江段约19公里，受三峡大坝蓄水工程影响，江河水系洪枯水位变化较大，水域面积约为18平方公里。支流分别为兰草溪、苦竹溪、渔溪河、回龙河、桶颈沟、望江、朝阳溪。

长江段具有汊河宽谷的地貌特征，长江出铜锣峡入界石向斜谷地形成江面宽阔，两岸平缓开阔的宽谷，至大兴场河道分汊发育了由中侏罗统遂宁组和上沙溪庙组地层构成的江心岛（广阳岛）。长江河床平均宽度约700米，最宽处位于广阳岛上坝嘴，宽度约1800米，最窄处位于铜锣峡口，宽度约300米。由于构造运动多次间歇抬升的影响，长江曲流下切，大兴场以东沿岸沙溪庙组厚层砂岩向江中延伸越远，挑流作用越强，造成主流逐渐北移，使广阳岛西北岸兔儿坪发育成宽广的砂砾、泥滩，而内河日渐衰退，水流减少，到枯水期岛岸相接。

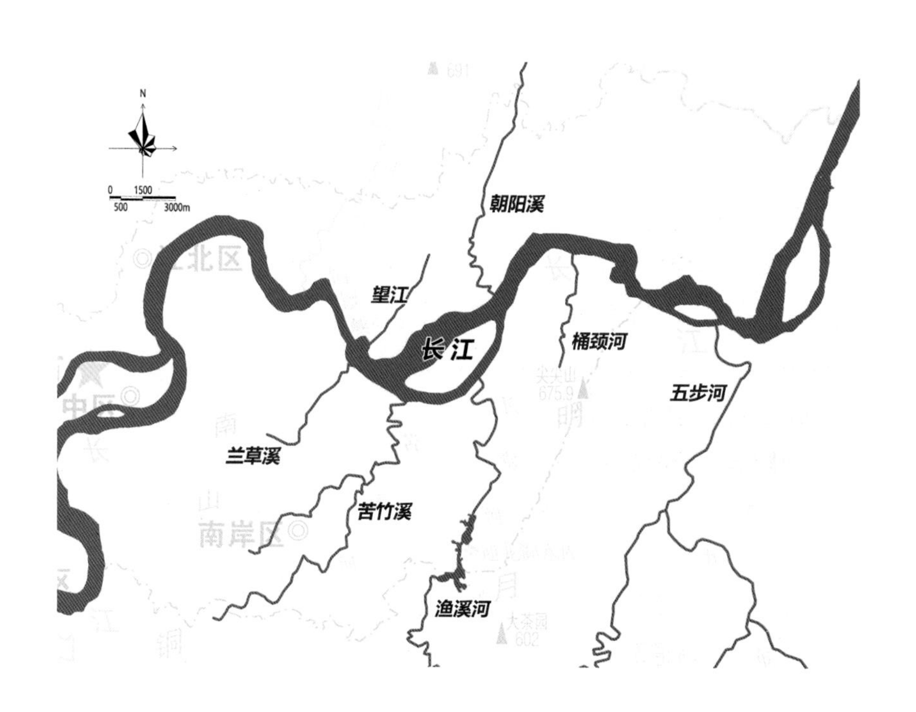

图3-12 河流（水）要素分布特征（底图来源：重庆市中心城区地势 审图号：渝S（2020）015号 重庆市规划和自然资源局监制 二〇二〇年六月）

兰草溪是西流村的一条河流，相传曾有仙人在此修炼，喜植兰草，故名兰草溪。其发源于长生桥镇天文村，迂回东流经凉风垭至沈家坡转北流入峡口镇大石村、西流村，于大兴场西侧注入长江，全长 7.52 公里，高差 27.78 米，平均坡降 4.12%，河流宽度变化 2～14.5 米。

苦竹溪干流发源于巴南区南泉镇西缘山麓，自长生桥镇入峡口镇，经螺丝洞、梧桐园注入长江内河，有两条较大的支流，跳蹬河和梅溪。规划范围内河流全长 25.2 公里，流域面积 83.4 平方公里，高差 97.42 米，平均坡降 4.85‰，河流宽度变化 1.2～48.9 米，汇水面积 16.47 平方公里，全流域面积 83.4 平方公里。苦竹溪呈浅 V 型河谷地貌。水形态蜿蜒曲折多变，河流上游中江滩石块堆积，溪涧景观突出。

渔溪河发源于巴南区南彭镇东山丘。北流经大石塔、中兴、惠民镇，入南岸区境，又向北流过高仙洞、狗家嘴、双河，汇入长江。渔溪河主脉上接迎龙湖水库，支脉冲沟较多，呈浅 V 形或 U 形。河两侧支流冲沟或溪流较多，河岸两侧以自然驳岸为主，且自然滩涂较多，河中石滩形态丰富，浅水区域尤为明显。河岸以自然式为主，自然植被覆盖率较高。

回龙河上游接银湖（又名内子口水库），河流全长 2.6 公里，宽度变化 0.8～18.2 米，高差 48.93 米，汇水面积 1.64 平方公里，河水流量较小，年径流量 90200 万立方米 / 年。河道两岸水草丰茂，生态环境良好，为水鸟类提供了良好的栖息地。溪流之上还有多座古石板桥。回龙河河谷呈浅 V 形，纵剖面上垂直分层高差较明显。河中形态各异的石块较多，水景以浅潭、溪瀑、叠水为特色。河岸以自然式为主，自然植被覆盖率较高。

桶颈沟位于广阳镇，全长 5.5 公里，宽度变化较大，为 3.2～18.8 米，高差 121.51 米。桶颈沟上建有多个人工堰坝，形成链状湖库，其中最大的为锅底凼水库。桶颈沟河谷地貌呈浅 V 形或 U 形，谷坡较陡峭。溪水流量较小，水系由于地形分隔，流向为横向，与其他纵向水系流向不一致。河岸以自然式为主，自然植被覆盖率较高，局部有人工建造亲水空间，河岸两岸较平缓。

朝阳溪位于两江新区鱼复工业园区，河流高差为 38.1 米，河流宽度范围为 4.5～34.2 米，常年水位约 158～189 米，汇水面积 5.91 平方公里。朝阳溪河谷呈浅 V 形，河流整体依然保持了蜿蜒的水系形态，河中浅滩碎石景观效果突出，但规划范围内大部分区域被人工平场，导致河水断流，河道两岸生态植被的自然属性被破坏，植被大部分已经被铲除，甚至部分区段已经被人工渠化。

望江位于江北区，全长4.7公里，深1～4米，河流高差为40.7米，河流宽度范围为2.1～16.7米。据现场调查，工厂的废水，动物排泄物和饲料的残余物，化肥的大量使用并向水源里流失等多方面原因引起水中氨氮含量超标，威胁水生物的生存，易导致鱼类死亡。望江河谷呈U形，上游河道保留自然水系形态，原生植被丰茂；下游流经城镇区域为人工硬化垂直驳岸，坡度较大，植被覆盖率低。

（3）农田要素

根据土壤发生学观点“岩石风化成母质，母质发育成土壤”，是划分土壤的重要依据。结合地形、水文，人为耕作活动及土壤普查资料，重庆广阳岛生态城的三级生命共同体研究范围内，地形差异和岩层分布的不同，可分为潮土、紫色土、黄壤、水稻土类等几种类型。农田主要分布于河谷及岗岭坡地处，包括旱地、水浇地及果园等。河谷气候冬暖夏凉，适宜种菜，主要种植玉米、红薯、大豆等农作物，岗岭坡地相对干旱但光线充足，适合种植枇杷、橙、柚子、桃等水果。

（4）湖塘要素

湖塘要素包括内子口水库、锅底凼水库、木耳厂水库、长春沟水库、庆林口水库、团结水库、石塔水库、大寨水库、蜡梅沟水库、大石峡水库、堰坪水库，主要位于南岸区；堰塘大量分布在望江山东南侧与渔溪河东北侧的山间溪旁。

（5）草地要素

研究区域的草丛群落类型有灌草丛、草丛两种。其中，灌草丛有构树 / 盐肤木 + 白茅灌草丛、白栎 / 构树 + 狗尾巴灌草丛；草丛有喜旱莲子草草丛、水蓼草丛、狗牙根草丛、葛丛、扁穗牛鞭草草丛、双穗雀稗草丛、马唐草丛、甜根子草草从、香丝草草丛、白茅草丛、狗尾巴草丛。灌草丛平均覆盖度最高，达到60%以上，且主要灌木以乔木幼苗为主；草丛的草本植物种类较多，但覆盖率不高，不利于固土保水。

3.5.2.2 生境要素重要性与敏感性评价

基于生境要素分布特征的分析，统筹考虑生境要素在生态系统服务功能方面的重要性和生态敏感性。生态重要性反映斑块本身的生态系统服务功能，以及对二级基底的作用；生态敏感性反映生态系统的稳定性，抗干扰能力。通过对二者的评价，为划定三级生命共同体基底提供生态学依据。

评价原则方面：生态重要性依据生态系统的生物量计算、景观连接度、斑块面积、最大斑块面积及其与二级重要基底的空间关系 [44]，综合考虑斑块本身的生态系统服务功能，以及对三级基底的作用。生态敏感性依据生态退化的面积、程度、与重要生态腹地的相邻关系等 [45]，考虑生态系统各个要素的稳定性和运转 [46]。

生态重要性分析方法：通过 NDVI 指数、NDWI 指数，景观格局指数、景观破碎度指数、斑块面积指数、最大斑块面积指数等方法，基于高分遥感影像和面向对象的影像分析方法提取各类生态要素如林地、水体、草地等的边界，量化生态斑块的面积。并利用遥感影像和地面调查经验模型反演地表生物量、水色、水温等生态参数，进而量化生态斑块的质量。利用空间分析技术识别生态斑块与二级重要基底的相邻关系，明确生态要素的具体区域是否为三级生命共同体腹地的重要节点。

生态敏感性分析方法：基于 2000～2019 年 Landsat 和 MODIS 影像每年夏季 6～8 月的遥感影像开展时间序列分析，基于归一化植被指数（NDVI）的变化趋势和显著性提取生态退化的面积、程度、与重要生态腹地的相邻关系等，计算变化方向和变化强度，及其与重要生态斑块的空间距离，监测动植物多样性，丰富度，土壤理化性质。基于归一化水体指数（NDWI）的变化趋势和显著性识别水体断流风险，基于水体的缓冲区分析识别河流岸线固化风险以及城市工业污染风险。

基于以上原则与方法，对山、林、水、田、湖、草等生态要素进行重要性分级，由于山、林、水的腹地范围较大，也是三级生命共同体基底山水格局的根本，因此，对其进行更为详细的重要性、敏感性分析，综合考虑内外部环境划分要素的生境区级别（图 3-13～图 3-21）。而田、湖、草等生态要素在研究内分布相对较少，腹地范围较小，对这三类要素只从自身角度考虑级别划分。

3.5.3 三级生命共同体基底划定

三级生命共同体是生态城生态腹地的概念，主要因素包括生态系统相对独立自生，与二级生命共同体关联等方面，同时，考虑了管理的可操作性，三级生命共同体基底范围的划定基本上处于重庆经开区的行政范围内。

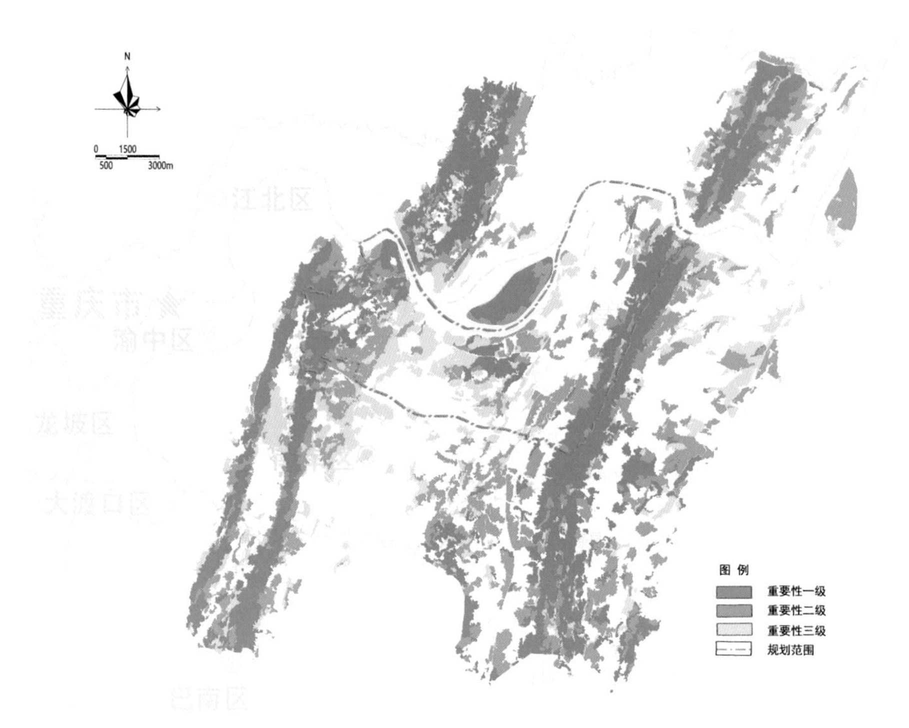

图 3-13　山 - 林要素生态重要性评价（底图来源：重庆市中心城区地势　审图号：渝 S（2020）015 号　重庆市规划和自然资源局 监制 二 O 二 O 年六月）

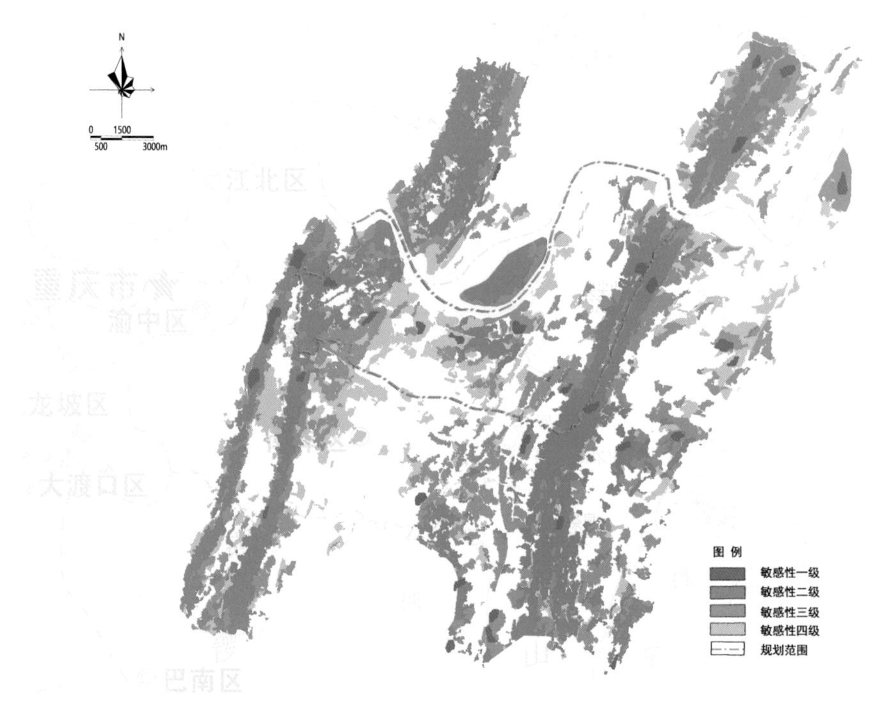

图 3-14　山 - 林要素生态敏感性评价（底图来源：重庆市中心城区地势　审图号：渝 S（2020）015 号　重庆市规划和自然资源局 监制 二 O 二 O 年六月）

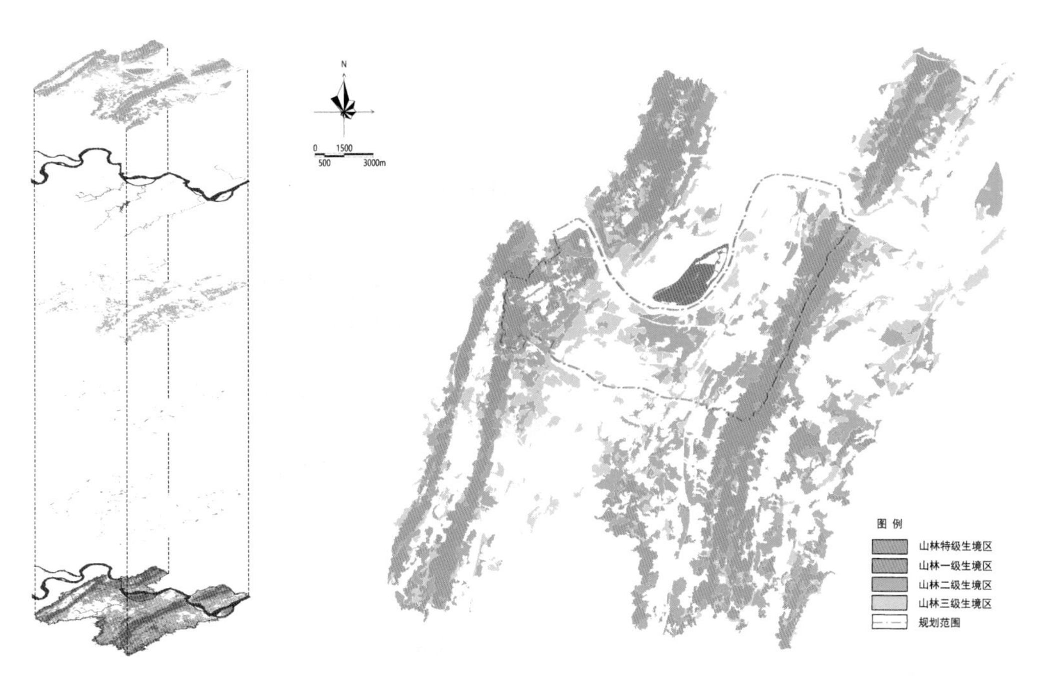

图 3–15　山 – 林要素的生境级别划分（底图来源：重庆市中心城区地势　审图号：渝 S（2020）015 号　重庆市规划和自然资源局 监制 二 O 二 O 年六月）

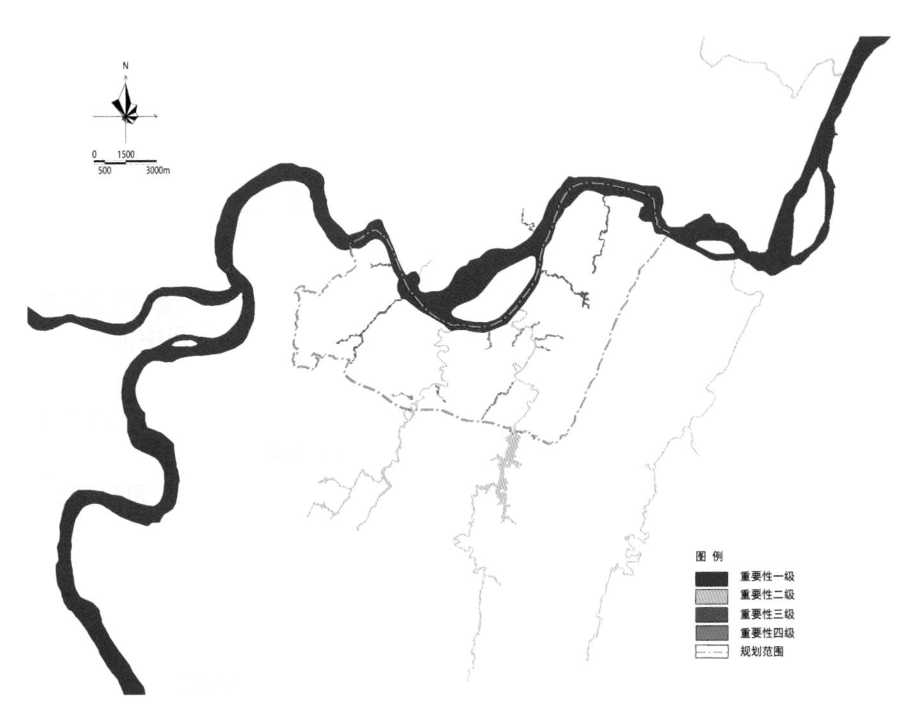

图 3–16　水要素生态重要性评价（底图来源：重庆市中心城区地势　审图号：渝 S（2020）015 号　重庆市规划和自然资源局 监制 二 O 二 O 年六月）

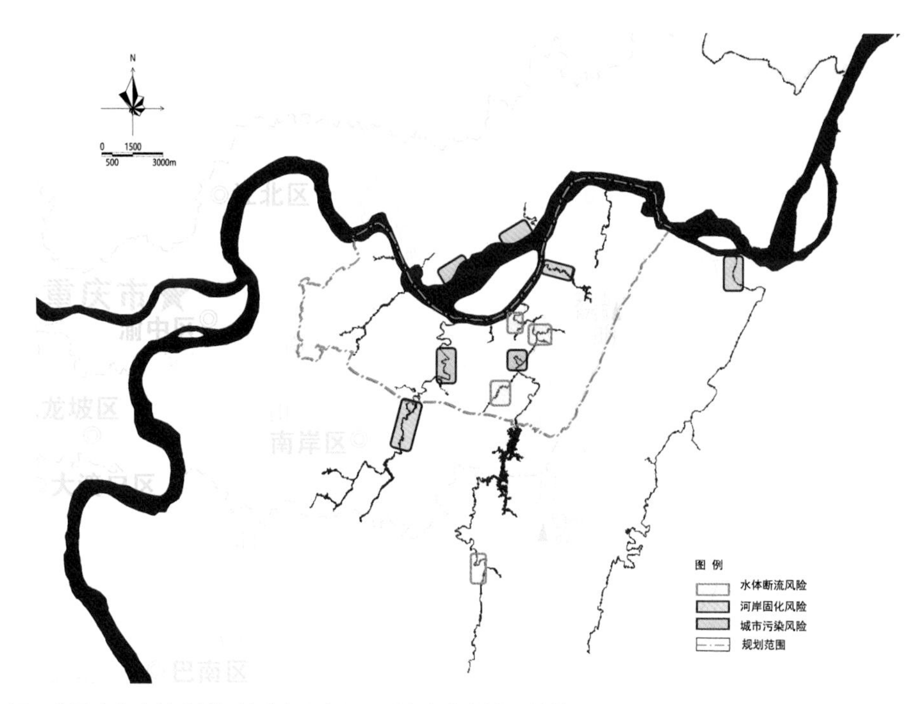

图 3-17 水要素生态敏感性评价（底图来源：重庆市中心城区地势 审图号：渝 S（2020）015 号 重庆市规划和自然资源局 监制 二〇二〇年六月）

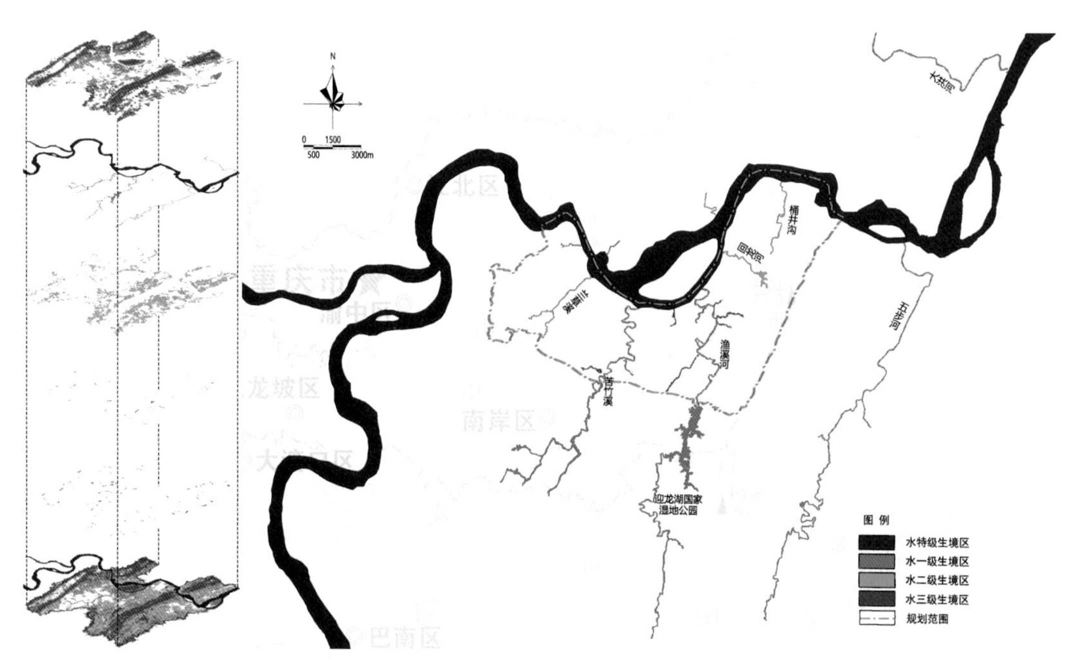

图 3-18 水要素的生境级别划分（底图来源：重庆市中心城区地势 审图号：渝 S（2020）015 号 重庆市规划和自然资源局 监制 二〇二〇年六月）

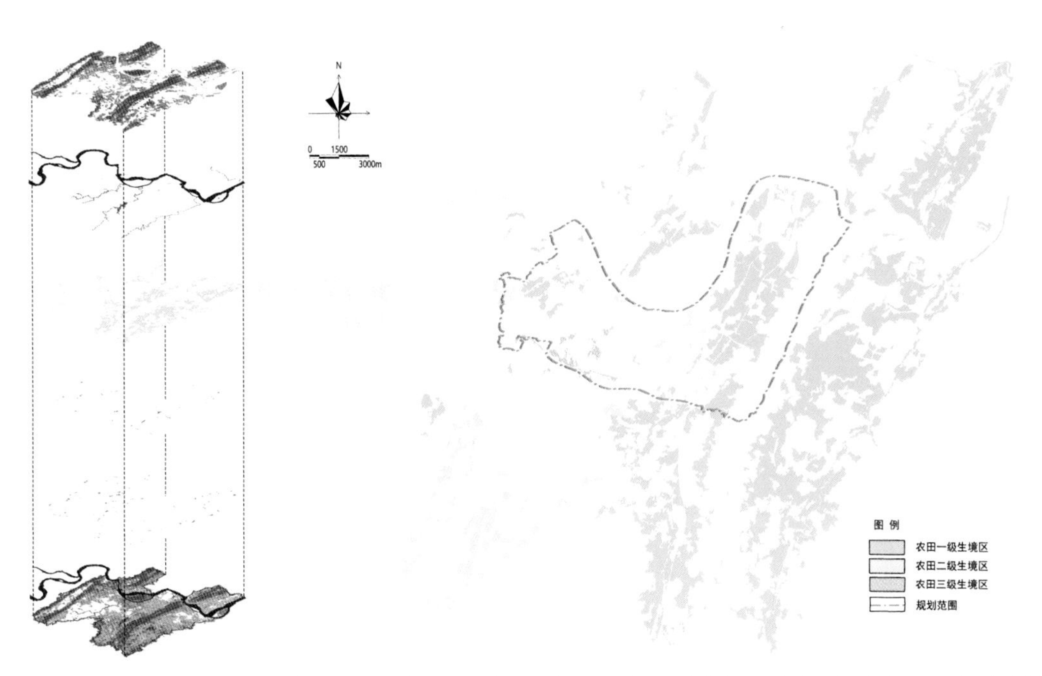

图 3-19　田要素的生境级别划分（底图来源：重庆市中心城区地势　审图号：渝 S（2020）015 号　重庆市规划和自然资源局 监制 二〇二〇年六月）

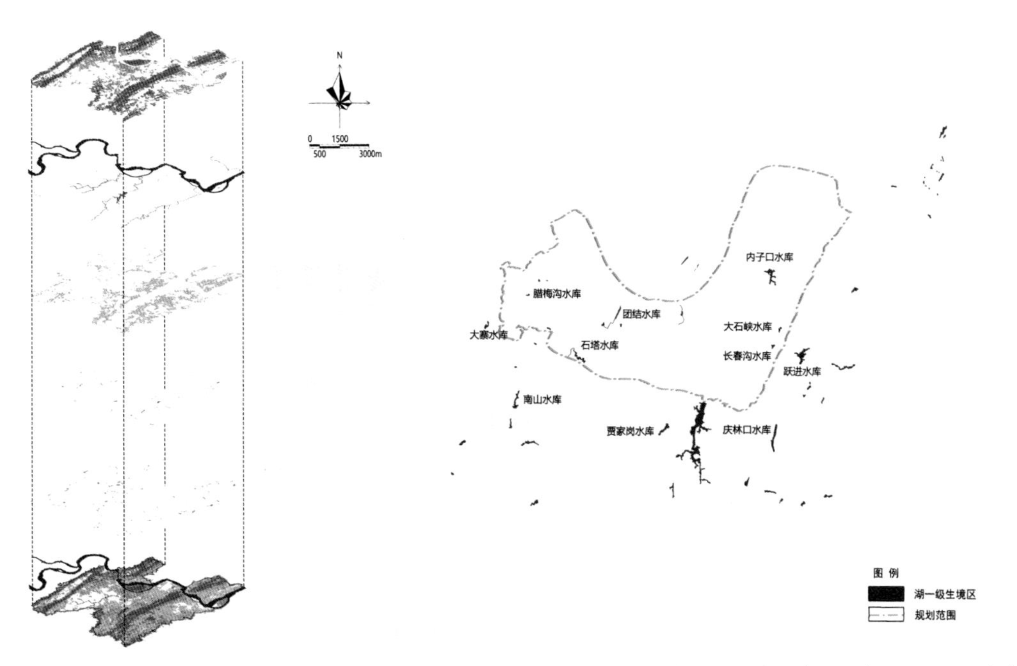

图 3-20　湖要素的生境级别划分（底图来源：重庆市中心城区地势　审图号：渝 S（2020）015 号　重庆市规划和自然资源局 监制 二〇二〇年六月）

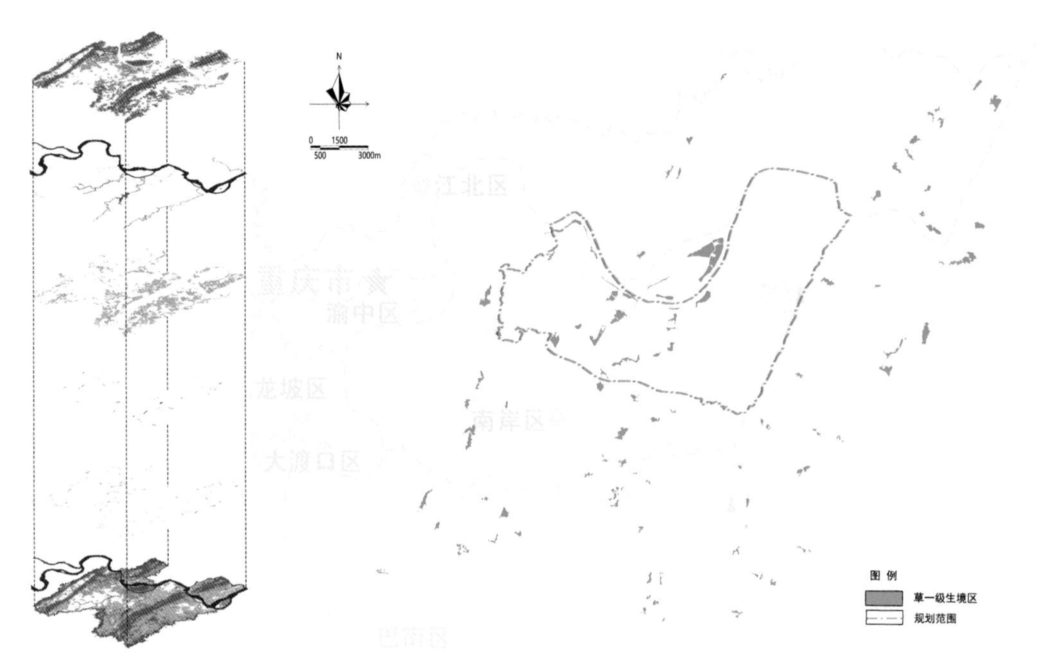

图 3-21 草要素的生境级别划分（底图来源：重庆市中心城区地势 审图号：渝 S（2020）015 号 重庆市规划和自然资源局 监制 二〇二〇年六月）

通过对山、林、水、田、湖、草全都进行单独分析，分析每个生境相对独立的生态系统最小范围，进行叠加，对山、林而言，主要考虑山体的连贯性和完整性；对水、湖而言，主要考虑局地的汇水特征；对田而言，主要考虑农田类型；对草而言，主要考虑斑块的面积和形状。综合以上，形成了面积为 480 平方公里的相对于独立自生的生态腹地（图 3-22）。

叠合 2002 年、2009 年、2015 年、2019 年的卫星遥感影像图分析生态环境变化，分析生态环境的变化方向、强度和显著程度（图 3-23、图 3-24）。并通过生物量的质量分析（图 3-25），综合分析得出重庆广阳岛生态城三级生命共同体独特的生境特点和生态功能：在生境特点方面，由山水格局围合而成的一个生态过程（水循环、大气循环、生物传播等方面）相对独立的区域。其内部的生态面积大、连续性高、生境质量较好。在生态功能方面，具有重要的水源涵养、水土保持、气候调节、生物多样性维持等生态功能，尤其是长江、苦竹溪、渔溪河等水域，以及广阳岛、铜锣山、明月山等的林地。

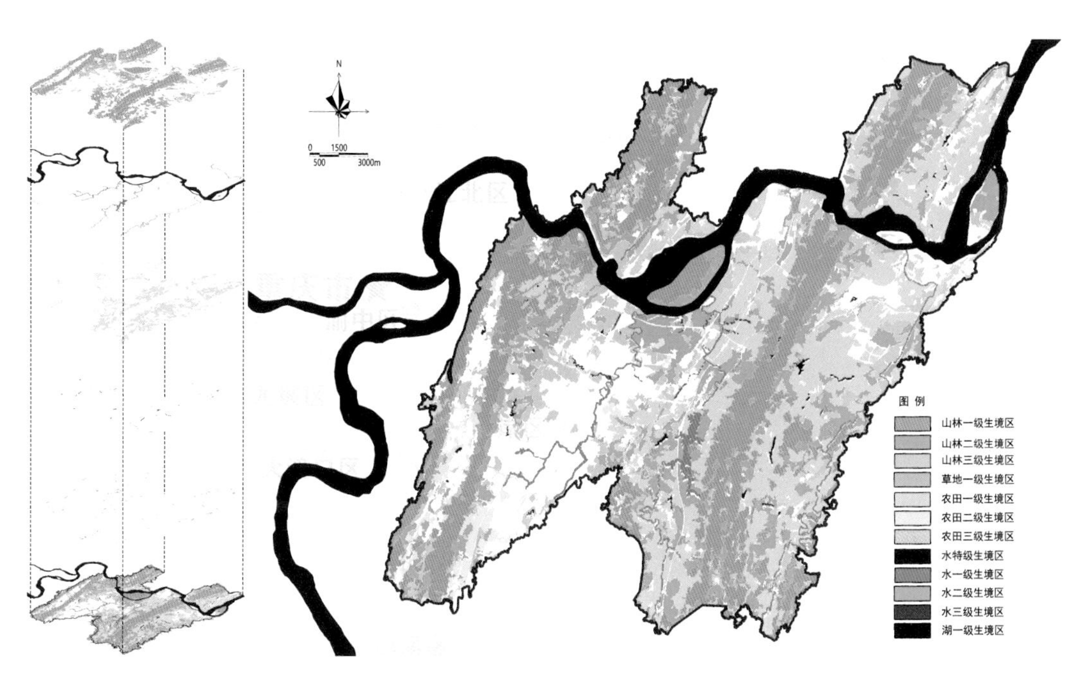

图 3-22　三级生命共同体基底划定（底图来源：重庆市中心城区地势　审图号：渝 S（2020）015 号　重庆市规划和自然资源局 监制 二 O 二 O 年六月）

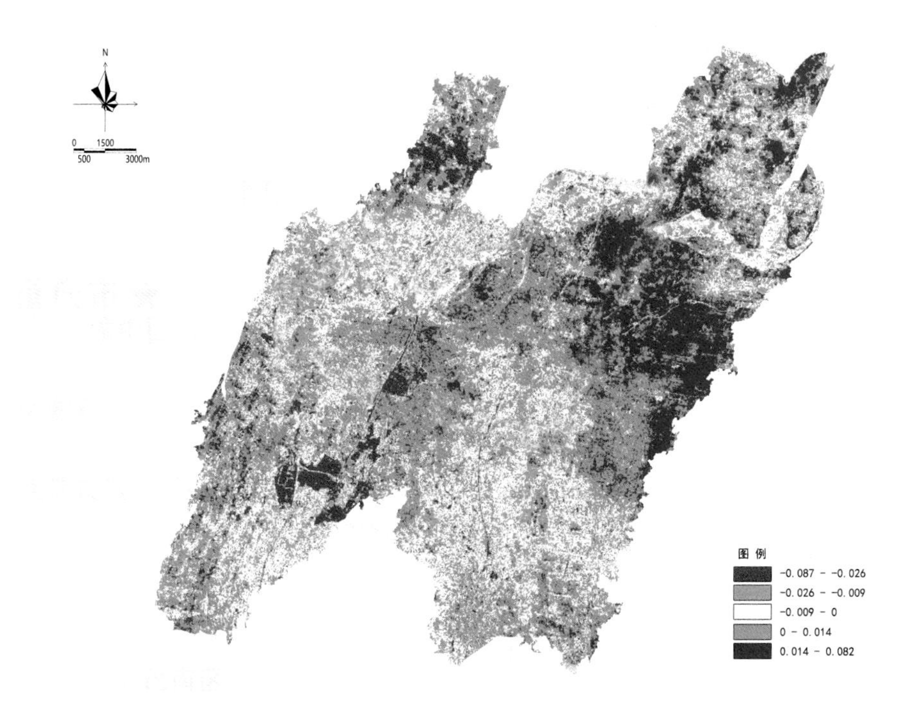

图 3-23　三级生命共同体基底范围内生态环境变化方向和强度（底图来源：重庆市中心城区地势　审图号：渝 S（2020）015 号 重庆市规划和自然资源局 监制 二 O 二 O 年六月）

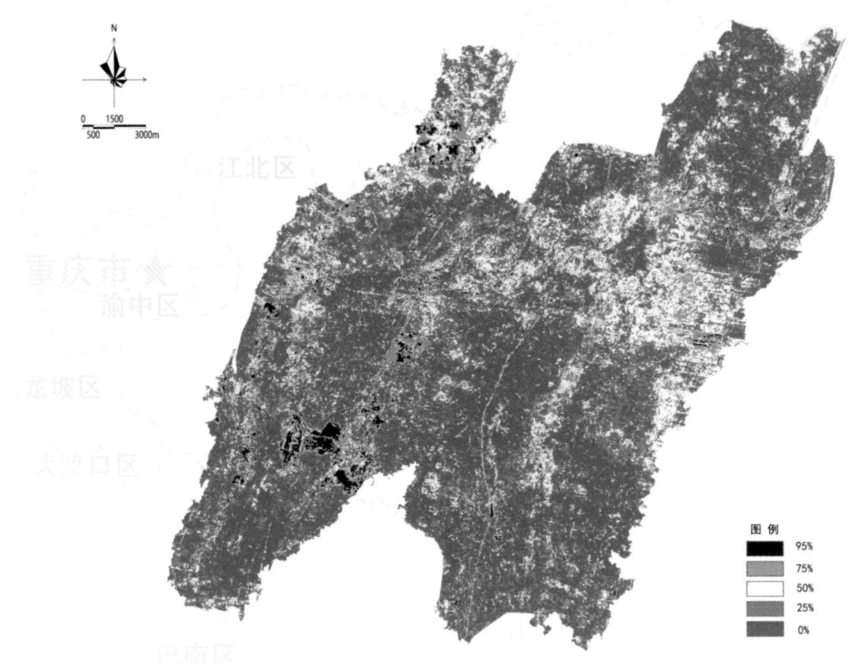

图 3-24　三级生命共同体基底范围内生态环境变化显著性（底图来源：重庆市中心城区地势审图号：渝S（2020）015号　重庆市规划和自然资源局 监制 二O二O年六月）

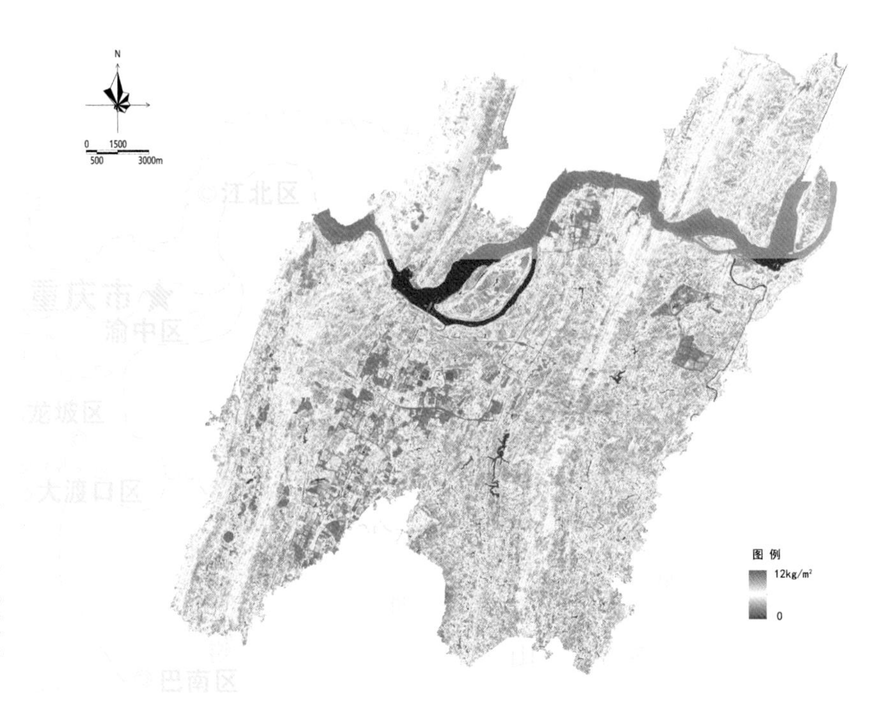

图 3-25　三级生命共同体基底范围内生物量的质量分析（底图来源：重庆市中心城区地势审图号：渝S（2020）015号　重庆市规划和自然资源局 监制 二O二O年六月）

3.6 一张蓝图、异质发展：生态城空间格局规划

3.6.1 把绿水青山保留给城市居民：现状生态格局分析

通过一级、二级、三级生命共同体基底的逐级分析，结合山、水、林、田、湖、草等不同生命共同体要素的生境等级划分，按照不同要素的影响范围和生境等级，结合要素位置和相互影响，划定480平方公里的综合生境等级，即现状生态格局，包括特级、一级、二级、三级生境区，其他地区为城市建设的一般区域（图3-26）。其中：

特级生境区：共计70平方公里，主要包括长江水域及沿岸消落带、广阳岛全岛区域。

一级生境区：共计81平方公里，主要分布在铜锣山与明月山的核心区域，以及牛头山、苦竹溪、渔溪河等重要生态斑块所在区域。

二级生境区：共计84平方公里，主要分布在苦竹溪与渔溪河支流、铜锣山与明月山的二级山林区域，以及一级农田区域。

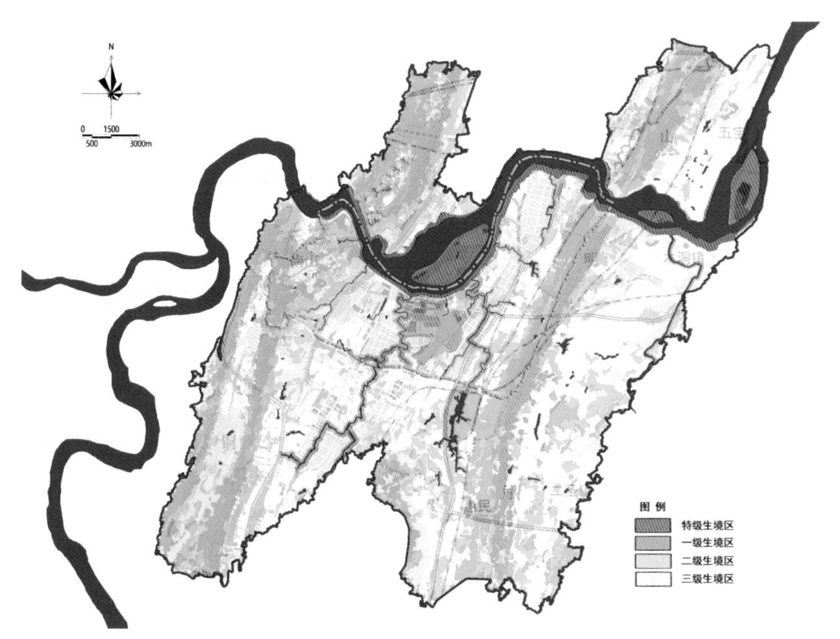

图3-26　三级生命共同体基底现状生态格局分析图（底图来源：重庆市中心城区地势　审图号：渝S（2020）015号　重庆市规划和自然资源局 监制 二〇二〇年六月）

三级生境区：共计 50 平方公里，主要分布在水库及二级农田区域。

将生命共同体各大要素的范围进行综合考虑，并与城市用地和人类活动进行叠加，发现城市发展与生态保护之间的矛盾。现状生态格局分析从重要性和敏感度叠加，对山水林田湖草要素进行分析，最终形成三级生命共同体现状生态格局分析图。其核心思想是把绿水青山保留给人民。根据三级生命共同体基底研究，所有特级、一级、二级、三级生境都要进行保护，在生态城 105 平方公里的范围中，有 59.23 平方公里的面积为需要保护的土地，比现在正在实施的重庆经开区总体规划中各类生态绿地和城市绿地的总和（58.99 平方公里）略多千分之四。

3.6.2 空间叠加、发现矛盾：与现有空间规划综合分析

生态城现状生态格局的分析，在与有关的规划进行叠加中，发现一系列问题。比如说根据总体规划、控制规划，道路体系客观上对相对比较重要的生态斑块和廊道存在了割裂作用，这个割裂作用相对严重的为广阳大道，即在广阳湾这形成了一个客观屏障，使得特级生境区——广阳岛、广阳湾、长江的消落带岸线，与生态城的其他区域，甚至包括牛头山等等之间的关联被削弱了，这种影响亟待进行修补（图 3-27，另外，茶园大道也存在类似情况（图 3-28）。在一些关键生境区域当中存在建设用地的情况，这个情况近期不容易处理，但是可以在后期的城市更新过程中逐步解决。

3.6.3 绿水青山 + 金山银山：生态城空间格局规划

综合以上分析，践行习近平总书记“把绿水青山保留给城市居民”的城市发展观，在生态城现状生态格局修复的过程中，对生态保育空间与城市建设空间的矛盾点（即绿水青山受到影响的区域）进行修复，对核心生态格局进行保护，将与绿水青山没矛盾的城市建设区进行充分利用。

基于以上原则，在生命共同体基底的指导之下，构建了 480 平方公里范围内的生态空间格局，即“育三带、建三廊、保三心、控三线”，最终实现绿水青山与金山银山的同频共振（图 3-29）。

育三带——保育广阳湾生态修复带（长江滨江消落带）、苦竹溪滨水生态带、渔溪河滨水生态带。这三条滨水带及其水环境共同构建了广阳岛生态城的水生态文明结构。根据上位规划的相关要求，三条客观存在的滨水生态带已经编制了保护发展规划，或正在开展相关工作。

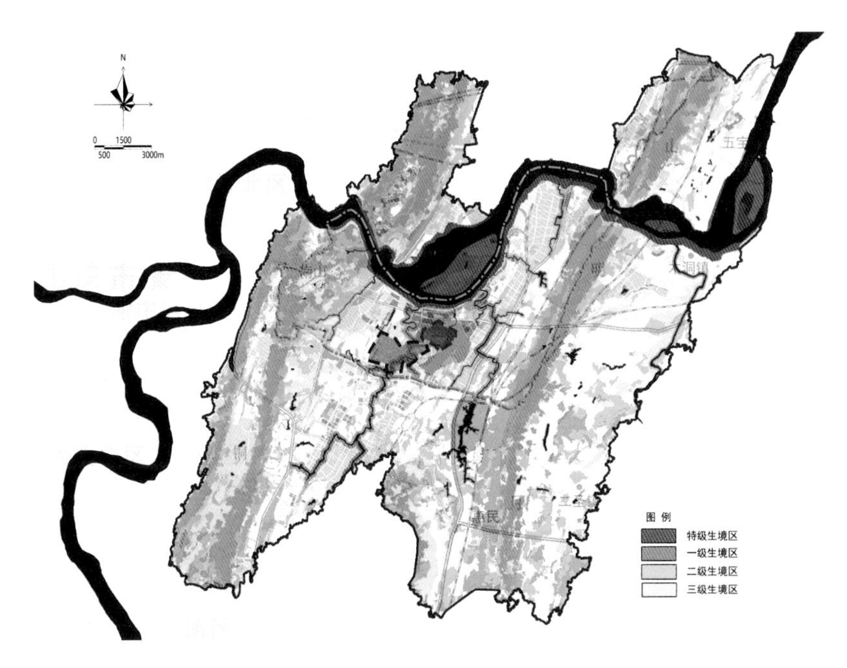

图 3-27　生境入侵（底图来源：重庆市中心城区地势　审图号：渝 S（2020）015 号　重庆市规划和自然资源局 监制 二〇二〇年六月）

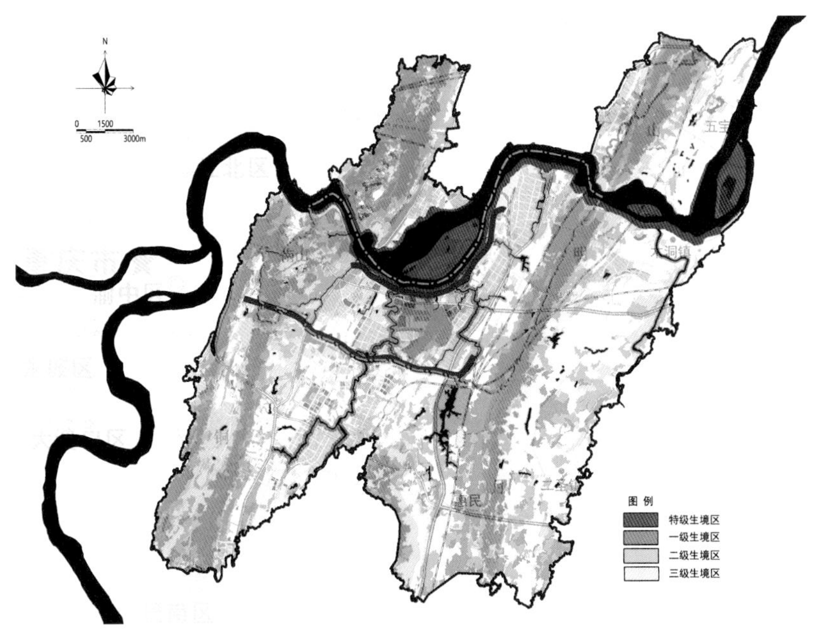

图 3-28　廊道割裂（底图来源：重庆市中心城区地势　审图号：渝 S（2020）015 号　重庆市规划和自然资源局 监制 二〇二〇年六月）

图 3-29 生态城空间格局规划图（底图来源：重庆市中心城区地势 审图号：渝 S（2020）015 号 重庆市规划和自然资源局监制 二〇二〇年六月）

所以，在生态城的建设过程中，对三条滨水生态带采取的措施以“保育”为主，即“育三带”。

建三廊——建设铜锣山生态廊道、明月山生态廊道、茶园大道—茶涪路虚廊。主要是对生态城现有生态格局存在割裂的，或者不完整的生态廊道，但对整个生态结构有比较关键的空间作用的区域进行生态修补和建设。这个领域一共提示了三个廊道，两实一虚。最重要的是铜锣山生态廊道和明月山这两条生态廊道，第三个廊就是茶园大道和现状（完全基于现状）的茶涪路的局部，因为茶园的现状它是往北走了，将来规划它还是一直会通到明月山。这条轴线的生态效益实在太突出了，因为在生态格局上，可以直接感觉到滨江区域所散发出来的关键性的生态廊道，在南部实际上被城市建设用地割裂的是比较严重的。在这个情况下，一条以路侧绿化带为主要形式的生态虚轴，就可以极大地改善生态格局结构，这条轴原则上是道路两侧 30～50 米的这样一个生态型绿地就可以发挥功能。

保三心——保护铜锣山生态核心、广阳岛生态核心以及牛头山生态核心；主要是铜锣山、广阳岛和牛头山，这是生态城区域当中最具有生态效益和生态功能的核心。

控三线——对生态城各个生境区进行生态红线、生境控制线、生境协调线管控。主要是指把绿水青山留给人民群众之后，剩下的建设用地管控，对建设用地的管控，沿用了国土空间规划的一个基本格局，就是生态红线。在生态红线的基础之上，根据具体生境的特点去确定生境控制线和生境协调线两个管控线，对它进行不同强度的指标等级的控制，实现了异质化的对于城市建设区域的规划引导和控制，对于非三线控制区，可以把城市的建设的强度和土地利用的效率适当的提高，兼顾绿水青山和金山银山。

3.6.4 生态城分区异质化管控

“一张蓝图”是把绿水青山留给人民后，对剩下建设用地管控，沿用国土空间规划的基本格局——生态红线。

在生态红线基础上，根据生境特点，确定生境控制线和协调线，进行不同强度的指标等级控制，做到对城市建设区域的异质化规划引导和控制。对于非三线控制区，把城市建设强度和土地利用效率适当提高，兼顾绿水青山和金山银山。三线的控制落在生态城中，形成九个区域，即三线九区（图 3-30）。

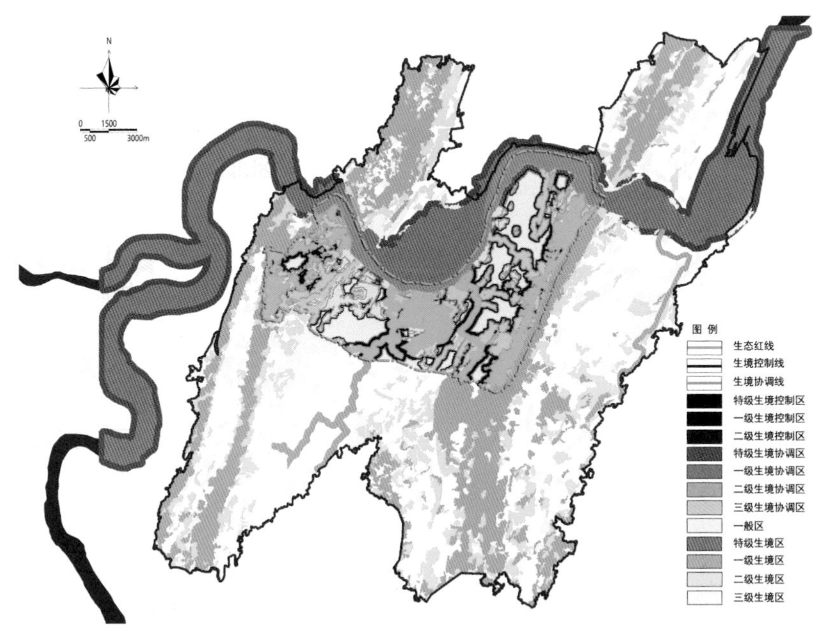

图 3-30　生态城三线九区蓝图（底图来源：重庆市中心城区地势审图号：渝S（2020）015 号　重庆市规划和自然资源局 监制 二 O 二 O 年六月）

本章参考文献

[1] 郭雨童，董军. 习近平生命共同体理念的生态伦理价值 [J]. 齐齐哈尔大学学报（哲学社会科学版），2020（09）：8-10.

[2] 刘威尔，宇振荣. 山水林田湖生命共同体生态保护和修复 [J]. 国土资源情报，2016（10）：37-39.

[3] 吕红军. 人与自然生命共同体理念的科学内涵 [J]. 才智，2019，000（005）：222-223.

[4] 李淑敏. 多专业融合生态修复项目的实施思路浅析 [J]. 珠江水运，2020，No.506（10）：51-53.

[5] 赵文廷，王树涛，许皞. 基于雄安新区水源涵养的山水林田湖草综合治理措施构想 [J]. 林业与生态科学，2019，34（01）：1-14.

[6] 陈利顶，马岩. 农户经营行为及其对生态环境的影响 [J]. 生态环境学报，2007，16（002）：691-697.

[7] 于恩逸，吴钢，齐麟，等. 山水林田湖草生命共同体要素关联性分析——以长白山地区为例 [J]. 生态学报，2019，039（023）：8837-8845.

[8] 王晓玉，冯喆，吴克宁，等. 基于生态安全格局的山水林田湖草生态保护与修复 [J]. 生态学报，2019，v.39（23）：48-55.

[9] 张晓文. 自然山水要素与城市总体形态——以深圳市为例 [D]. 广东：华南理工大学，2003.

[10] 马丽萍，陈联寿，徐祥德. 全球热带气旋活动与全球气候变化相关特征 [J]. 热带气象学报，2006（02）：147-154.

[11] 柯旺花. “世界主要气候类型”教学设计 [J]. 地理教学，2014（6）：35-38.

[12] Zheng Hongbo，Jia Juntao. GEOLOGICAL EVOLUTION OF BIG RIVER SYSTEMS AND TECTONIC CONTROL [J]. 第四纪研究，2009，29（2）：268-275.

[13] 王秀平. 印度板块≠印度洋板块 [J]. 中学地理教学参考（11 期）：49-49.

[14] 本座荣一，白桦. 印度洋、太平洋板块边界区域中岛弧、海沟系地质构造研究成果简报 [J]. 地质科技情报，1985（03）：42.

[15] 欧阳志云，王效科，苗鸿. 中国陆地生态系统服务功能及其生态经济价值的初步研究 [J]. 生态学报，1999（05）：19-25.

[16] 刁焕祥. 胶州湾浮游植物与无机环境的相关研究 [J]. 海洋科学，1984，8（4）：16-19.

[17] 李向东，吴爱荣. 豆科油料作物根瘤固氮与生物环境 [J]. 中国油料作物学报，1992，000（004）：82.

[18] 周靖祥. 中国人口分布的时空演化研究：直面社会与经济双重困扰 [J]. 重庆大学学报：社会科学版，2014，020（001）：1-17.

[19] Ascens O F , Clevenger A , Santos-Reis M , et al. Wildlife - vehicle collision mitigation: Is partial fencing the answer? An agent-based model approach[J]. Ecological Modelling，2013，257 (Complete)：36-43.

[20] Haddad N M , Brudvig L A , Clobert J , et al. Habitat fragmentation and its lasting impact on Earth's ecosystems[J]. Adv，2015，1 (2)：e1500052.

[21] Thomas，P，Russell. University of Massachusetts，Amherst[J]. Polymer Science & Technology，2006.

[22] Turner T . Greenways，blueways，skyways and other ways to a better London[J]. Landscape & Urban Planning，1995，33 (1-3)：269-282. (FO R MAN R T T. Landscape Ecology [M]. New York，USA：Wiley，1986：121 - 155.)

[23] 乔欣，杨威. 从被动保护到保护性开发的城市生态廊道规划——以广州番禺片区生态廊道规划为例 [J]. 西部人居环境学刊，2013 (03)：62-68.

[24] 郑好，高吉喜，谢高地，邹长新，金宇. 生态廊道 [J]. 生态与农村环境学报，2019，35 (02)：137-144.

[25] A riparian conservation network for ecological resilience[J]. Biological Conservation，2015，191：29-37.

[26] 周鹏. 中国西部地区生态移民可持续发展研究 [D]. 北京：中央民族大学，2013.

[27] 杨建新. 国土空间开发布局优化方法研究 [D]. 北京：中国地质大学，2019.

[28] Daily Post (Liverpool，England) . Climate Change Is Going to Transform the Way We Do Business[J].

[29] Michael T，Burrows，David S，Schoeman，Lauren B，Buckley，Pippa，Moore，Elvira S，Poloczanska，Keith M，Brander，Chris，Brown，John F，Bruno，Carlos M，Duarte，Benjamin S，Halpern，Johnna，Holding，Carrie V，Kappel，Wolfgang，Kiessling，Mary I，O'Connor，John M，Pandolfi，Camille，Parmesan，Franklin B，Schwing，William J，Sydeman，Anthony J，Richardson.The pace of shifting climate in marine and terrestrial ecosystems.[J]. Science (New York，N.Y.)，2011，334 (6056)：652-5.

[30] 胡军华，胡慧建，蒋志刚. 气候变化对濒危迁徙鸟类越冬栖息地的影响 [A]. 四川省动物学会. 四川省动物学会第九次会员代表大会暨第十届学术研讨会论文集 [C]. 四川省动物学会：四川省动物学会，2011：1.

[31] Horel J D , Wallace J M . Planetary-Scale Atmospheric Phenomena Associated with the Southern Oscillation[J]. Monthly Weather Review，1981，109 (4)：813-829.

[32] Hoffmann R S . THE SOUTHERN BOUNDARY OF THE PALAEARCTIC REALM IN CHINA AND ADJACENT COUNTRIES[J]. Acta Zoologica Sinica，2001，47 (2)：121-131.

[33] 蒋尉. 生态功能区城市如何走出生态环境保护与经济发展相矛盾的困境——基于高原地区天么钦的案例研究 [J]. 城市，2018 (011): 62-70.

[34] 彭越，周波，艾南山. 现代人居环境与开放性生态系统的建设 [J]. 重庆建筑大学学报，2002 (04): 11-14.

[35] 张全，杜鹏飞，龚道孝. 生态区划的基本理论与方法 [A]. 中国城市规划学会. 城市规划面对面——2005 城市规划年会论文集 (下) [C]. 中国城市规划学会: 中国城市规划学会，2005: 7.

[36] 王贺宁. 工程地质勘查中钻探技术的应用分析 [J]. 科技视界，2017，000 (012): 158-158.

[37] 齐威，刘爱利，张雯. 中国地形三大阶梯面向对象的定量划分 [J]. 遥感信息，2017，032 (002): 43-48.

[38] 张会平. 青藏高原东缘、东北缘典型地区晚新生代地貌过程研究 [D]. 北京: 中国地质大学 (北京)，2006.

[39] 郑度. 青藏高原自然环境探秘 [J]. 科学中国人，2015 (13): 16-27.

[40] 刘存节. 四川东南山地区域 (酉、秀、黔、彭地区) 国土资源特点及对其产业结构调整的设想 [J]. 经济地理，1985 (4): 267-272.

[41] 赵瑞. 四川盆地南缘地形梯度带区域岩溶水系统研究 [D]. 成都: 成都理工大学，2016.

[42] 贺丽莉. 四川盆地传统民居生态经验及其启示 [D]. 广州: 华南理工大学，2014.

[43] 吴淼. 生态导向下西安市城城乡空间发展模式及规划策略研究 [D]. 西安: 西安建筑科技大学，2019.

[44] 李昂. 基于生态敏感性评价的朗乡镇镇域景观格局研究 [D]. 哈尔滨: 哈尔滨工业大学，2014.

[45] 刘伊萌，杨赛霓，倪维，等. 生态斑块重要性综合评价方法研究——以四川省为例 [J]. 生态学报，2020，v.40 (11): 59-68.

[46] 司惠超. 基于 GIS 的县域生态敏感性分析与评价——以安徽省全椒县为例 [J]. 规划师，2015，031 (0z2): 263-267.

第 4 章

一表：

生态城指标体系构建与执行

4.1 一表覆盖生态城：指标体系构建方法论

4.1.1 魔方体系、三维矩阵：指标体系框架构建

重庆广阳岛生态城采取一张蓝图画到底的总体建设方针，依据全球、全国和长江流域三级生命共同体划分对生态城进行科学、稳定和可测的生态格局搭建，确立重庆广阳岛生态城的空间格局。通过“一表”完成对异质化空间分区建设的指导和评价，用三维矩阵确定指标体系，分别是三线容量管控维度、指标价值取向维度和“三线九区”空间维度（图 4-1）。

4.1.1.1 三线容量管控

三线容量管控是重庆广阳岛生态城指标体系的底线思考维度。资源利用上限、环境质量底线和生态保护红线，总结归纳出与三线相关的指标，包括绿色发展指标体系、生态文明建设考核指标体系以及相关的政策和法律规范等，做到尽量不发明新的指标。

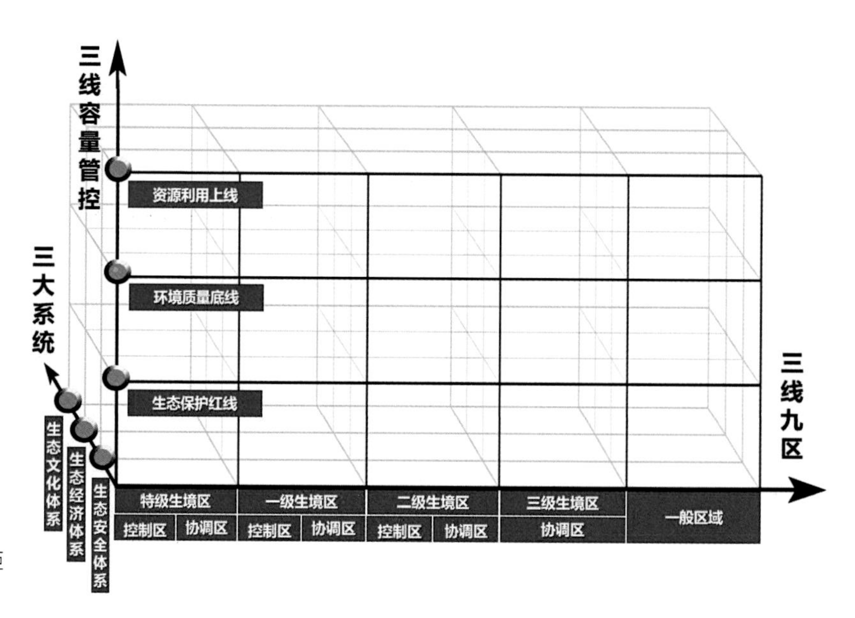

图 4-1 三维魔方矩阵确定“一表”框架

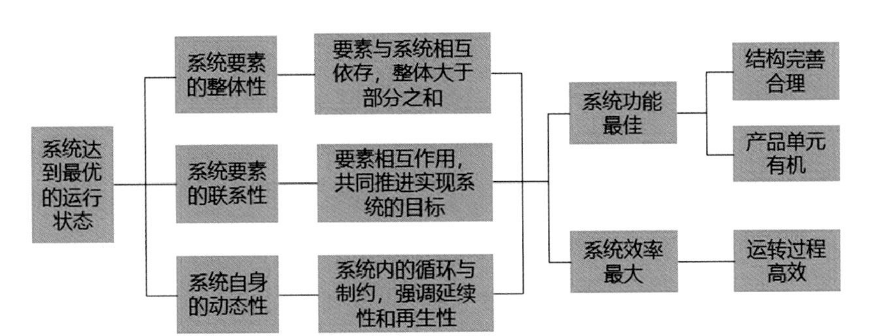

图 4-2　三大子系统有机联系

4.1.1.2 三大子系统有机联系

三大子系统有机联系是重庆广阳岛生态城指标体系的价值取向维度（图 4-2），就是根据生态经济体系、生态安全体系、生态文化体系、目标责任体系和生态文明制度体系五大体系所形成的生态安全、生态经济、生态文化体系，通过指标控制保证生态城整体系统的功能最佳、效率最高。

4.1.1.3 三线九区异质化分区

三线九区异质化分区是重庆广阳岛生态城指标体系的空间维度，其中，三线包括生态红线、生境控制线、生境协调线，九区包括特级、一级、二级、三级生境区的控制区、协调区、一般区。通过异质化分区科学地界定了指标表的管控空间区域和管控标准，具有一定的创新性。

4.1.2 三个“一”准则、系统联系：指标选取原则

实现绿色可持续发展是重庆广阳岛生态城建设的主要目标，而在绿色可持续发展的过程中，生态城的各子系统以及各方面要素的运行状态是通过可量化指标反映出来的。生态城的指标体系是生态城总体目标内涵的直接体现，也是反映生态城各子系统目标完成与否的量化结果。在选取重庆广阳岛生态城指标时，要考虑生态文明理论的完备性、科学性和正确性，指标目标值选取应客观、真实，指标的定义与计算要以科学的理论为依托，同时指标还应具有可统计和可操作性。重庆广阳岛生态城指标体系是生态城规划及建设目标的具体化，反映了对生态城内涵的

认识，既可作为城市生态化水平评价与测度的工具，也可作为对生态城规划和建设目标的分解。

4.1.2.1 一测就准

（1）可取性——具有统计基础

生态城的各种指标应当是可以定量测度、具有统计基础的，指标统计口径需要与重庆广阳岛生态城控制性详细规划协调融合，并可以通过政府部门统计和采集等日常工作手段获得。

（2）可测性——可以测量得到或通过科学方法聚合生成的

指标体系是面向生态城建设实施、引导城市发展的，因此必须是可以通过科学方法测量计算得到的，有明确的定量检测或定性评价方法；每个指标必须能够反映生态城某一方面的进展和状况，并且能够进行横向与纵向的比较，根据指标变化对生态城的建设要素进行预测和判断。

4.1.2.2 一看就懂

（1）科学性——指标概念必须有明确的科学内涵

生态城的指标体系要充分体现生态城可持续发展的目标要求，要体现生态学理论的基本原则，要重点考虑生态城社会、经济、自然子系统的协调发展。因此，每一个具体指标应当具备科学明确的内涵来直观反映生态城可持续发展和生态学理念。

（2）经验性——采用国内外普遍采用的综合指标，同时关注重庆广阳岛生态城自身生态环境特点，兼顾普遍性与特殊性

不同城市自然环境和资源条件差别很大，社会、经济、文化背景也各不相同，生态城的指标体系应当既要体现广阳岛生态城的特点，又能体现既有生态城的建设经验指引，具有一定的适用性，具备推广使用的意义。

4.1.2.3 一用就会

（1）适应性——考虑指标在生态城不同区域内的控制值差异

对重庆广阳岛生态城中山水林田湖草滩生态要素进行分析，划定了“三线九区”的生态格局，由于不同区域中生态要素的重要性和敏感度不同，需要设定不同的指标控制值，以发挥生态环境的最大效益。

（2）动态性——考虑指标在生态城不同建设时期的控制值差异

生态城的指标体系要适应城市动态发展的要求。在生态城的不同发展阶段，其特征也会有所不同，其指标的控制要求也会存在差异，不是静止不变的。因此，指标要体现对生态城自身发展水平的可比性，并能体现出生态城的发展趋势。

4.2 既有指标梳理、目标导向归类：指标分类结构及指标遴选

4.2.1 明确指标分类结构

生态城是城市建设和生态环境协调融合的一个终极目标，而生态城的建设是一个不断发展和完善的动态过程，评价生态城系统的健康程度是生态城建设的核心问题 [1]。不同的生态城结合各自的建设发展目标确定了不同的指标体系分类结构，从而达到评价生态城建设效果的目的。中新天津生态城是中国和新加坡两国为了应对全球气候变化、达到节约资源能源利用及建设和谐社会目标的战略性合作项目，指标体系结构围绕生态环境健康、社会和谐进步、经济蓬勃高效和区域协调融合 4 个方面，确定了 22 项控制性指标和 4 项引导性指标（表 4-1）[2]；唐山湾曹妃甸生态城借鉴了瑞典“共生城市”规划理念和建设实践，其指标体系主要包括城市功能、建筑、交通、能源、垃圾、水、景观和公共空间 8 个子系统，分管理类和规划类两类共计 141 项具体指标，基本涵盖生态城建设的方方面面（表 4-2）[3]。中新天津生态城和唐山湾曹妃甸生态城的指标体系结构分为三个层次，第一层是“目标层”，是生态城发展愿景和建设方向；第二层是“准则层”，对目标层再进行分解细化，如中新天津生态城将目标层社会和谐进一步细化分解为生活模式、基础设施、管理机制三个方面；第三层是具体指标，可以称之为“指标层”，明确了生态城建设的控制标准。

中新天津生态城指标体系结构 表 4-1

目标层	准则层	指标项
生态环境健康	自然环境良好	区内环境空气质量
		区内地表水环境质量
		水喉水达标率
		功能区噪声达标率
		单位 GDP 碳排放强度
		自然湿地净损失
	人工环境协调	绿色建筑比例
		本地植物指数
		人均公共绿地
社会和谐进步	生活模式健康	人均日生活耗水量
		人均日垃圾产生量
		绿色出行比例
	基础设施完善	垃圾回收利用率
		步行 500 米范围内有免费文体设施的居住区比例
		危废与生活垃圾（无害化）处理率
		无障碍设施率
		市政管网普及率
	管理机制健全	经济适用房、廉租房占本区住宅总量的比例
经济蓬勃高效	经济发展持续	可再生能源使用率
		非传统水资源利用率
	科技创新活跃	每万劳动力中 R&D 科学家和工程师全时当量
	就业综合平衡	就业住房平衡指数
区域协调融合	自然生态协调	生态安全健康、绿色消费、低碳运行
	区域政策协调	创新政策先行联合治污政策到位
	社会文化协调	河口文化特征突出
	区域经济协调	循环产业互补

唐山湾曹妃甸生态城指标体系结构　表 4-2

一级指标	二级指标	三级指标
城市功能	住宅	5 项
	公共空间及设施可达性	6 项
	公共场所多元化和混合使用	3 项
	建设在高度危险区内的住宅	3 项
	工作区多样化和混合使用	3 项
	通用性灵活性和城市结构中的坚固性	3 项
	行人和自行车友好的环境	2 项
	城市环境质量	9 项
建筑与建筑业	建筑设计	3 项
	化学成分	2 项
	室内环境	9 项
	生态循环系统	2 项
	建筑和结构	2 项
	可持续发展房屋	5 项
交通与运输	可达性	7 项
	效率与环境交通系统	4 项
	安全和环境健康	4 项
能源	能源需求	8 项
	能源供应	3 项
废物（城市生活垃圾）	废物产生、收集和处理	9 项
	废物产生点到垃圾丢弃点的可达性	2 项
	从垃圾收集点的废物运输可达性	2 项
水	资源效率	3 项
	水的供应和需求	7 项
	卫生和废水产生的废物	4 项
	水环境	6 项
	海防	6 项
	资源效率	7 项
景观与公共空间	自然环境和城市质量	5 项
	公园和公共空间可达性	7 项

重庆广阳岛生态城指标体系分为四个层次：第一层为系统层，是生态城建设的三大方面，即生态安全体系、生态经济体系和生态文化体系；第二层是要素层，即生态城建设的主要控制要素，其中生态安全体系包含环境安全稳固、服务产品永续、系统良性循环三个要素，生态经济体系包含发展持续高效、科技创新驱动、治理体系健全三个要素，生态文化体系包含环境公平正义、生活品质提升、管理智慧有序三个要素；第三层是目标层，是对生态城管控要素的细化，主要包含生境多样、供给充足、环境保护等 18 个目标层；第四层为指标层，是在第三层目标层指导下选择的若干具体的单项指标因子（表 4-3）。

重庆广阳岛生态城指标结构　　表 4-3

系统层	要素层	目标层	指标层
生态安全体系	环境安全稳固	生物多样	2 项
		物种多样	4 项
	服务产品永续	供给充足	2 项
		水土调节	4 项
	系统良性循环	环境保护	2 项
		资源保护	3 项
生态经济体系	发展持续高效	产业结构	5 项
		居民丰裕	2 项
	科技创新驱动	创新技术	7 项
		城市更新	4 项
	治理体系健全	健康生活	7 项
		排污减量	11 项
生态文化体系	环境公平正义	职住平衡	3 项
		价值引导	1 项
	生活品质提升	设施完善	9 项
		民生改善	2 项
	管理智慧有序	智慧管理	7 项
		公众满意	3 项

4.2.2 确定指标遴选方式

根据生态城建设发展要求，借鉴国内权威的生态指标体系，并结合重庆广阳岛地区的实际情况选取指标。目前，指标选取的方法主要有理论分析、频度分析和专家咨询三种[4]。重庆广阳岛生态城指标选取是将三种方法有机结合的方式，即采用理论分析与频度分析相结合的方法，以生态城指标分类框架为指导，广泛参考住房和城乡建设部、环境保护部等国家部门提出的相关指标体系，同时借鉴唐山湾曹妃甸生态城、中新天津生态城等指标体系确定初选指标库，最后运用专家咨询法，邀请生态城市专家学者、政府管理者进行指标评价和入选咨询，确定最终指标。具体来说，重庆广阳岛生态城指标体系基于生态安全、生态经济、生态文化的发展目标，对既有指标体系进行梳理，主要包含国家层面现行的相关指标体系、行业标准和既往生态城指标体系类，并依据重庆生态城发展实际和专家意见对指标进行筛选，移除原有落后、指引性弱的指标（如无障碍设施率、水喉水达标率、市政管网普及率等），保留具有前瞻性和能够保证生态城可持续发展的指标（如绿色建筑比例、就业住房平衡指数、垃圾回收利用率等），同时增加能够反映绿色发展观等理念的指标（如有机转化率等），最后构成重庆广阳岛生态城指标体系（图 4-3）。

4.2.3 形成地域性指标体系

重庆广阳岛生态城的指标体系是分级的，以巢式结构展开，指标体系的横向是国土空间规划覆盖的所有用地类型，结合“三线九区”的保护分区来进行分类，对于不同的生态敏感区采用不同的标准进行控制；纵坐标是按照三大体系的系统论方式形成的算法和价值判断。主要内容是根据生态文明的思想理念，以及既有指标来进行梳理和创新，形成了一个完整的指标体系表（图 4-4）。

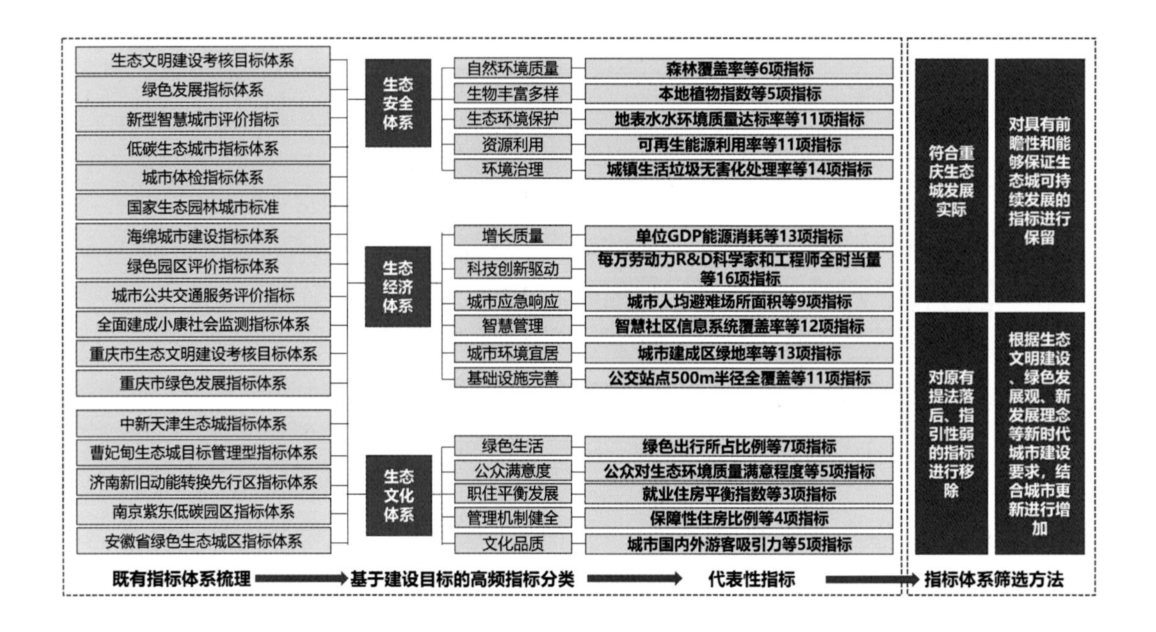

图 4-3 重庆广阳岛生态城指标遴选方式

近期指标体系共有 78 项指标（表 4-4），其中评价类指标 31 项，指导类指标 47 项，具有全面性、适应性和创新性。在全面性方面，近期指标体系全方位体现了生态环境质量、科技创新水平、产业引入标准、居民生活水平、智慧平台建设等方面的指标，充分体现了生态文明建设要求，并与重庆市生态文明建设目标评价考核制度紧密连接。在适应性方面，指标体系体现重庆经开区道路建设、工业企业腾笼换鸟的迫切需求，体现了六大 EPC 项目的联系以及《广阳岛片区建设三年行动计划重大项目》49 项中 14 项的联系。在创新性方面，进行异质化的全面覆盖和管控，根据系统论指导，确定指标体系的价值判定；根据生命共同体现状空间格局与国土空间分区的叠加，确定空间管控类型。指标体系能够做到结合目前和中远期工作进行全方位管控和反馈，通过对指标体系不断地修正和完善，保证生态城的建设方向和建设效率。

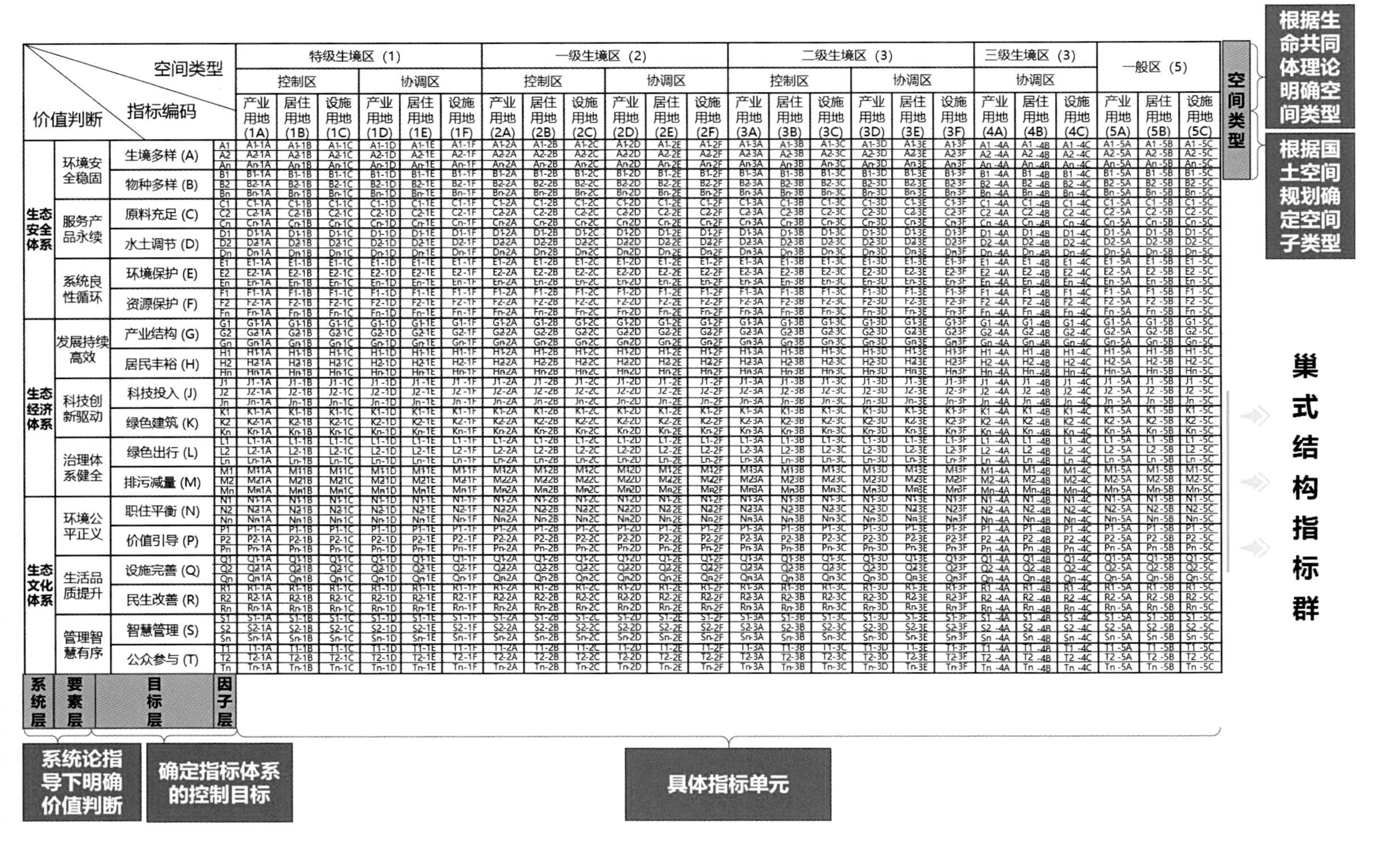

图 4-4　巢式结构指标体系的地域性

指导近期建设的指标体系一览表 表 4-4

系统层	要素层	目标层	指标单元				
			编号	控制内容	单位	指标值	控制类型
生态安全体系	环境安全稳固	生物多样（A）	A1	森林覆盖率	%	≥ 42	评价类
			A2	山体整体保护率	%	≥ 90	评价类
		物种多样（B）	B1	综合物种指数	—	≥ 0.5	评价类
			B2	本地植物指数	—	≥ 0.7	指导类
			B3	食源植物种类比例	%	≥ 5	指导类
			B4	清风廊道管控宽度	米	≥ 100	指导类
	服务产品永续	供给充足（C）	C1	建成区绿地率	%	≥ 25	评价类
			C2	人均公共绿地面积	平方米 / 人	≥ 12	指导类
		水土调节（D）	D1	生态岸线比例	%	≥ 90	评价类
			D2	雨水净化处理率	%	≥ 60	评价类
			D3	雨水年径流总量控制率	%	≥ 75	指导类
			D4	建成区透水性地面面积比率	%	≥ 55	指导类
	系统良性循环	环境保护（E）	E1	地表水环境质量达标率	%	100	评价类
			E2	空气环境质量达标率	天	≥ 310	评价类
		资源保护（F）	F1	自然湿地净损失	—	0	评价类
			F2	边坡修护率	%	≥ 90	指导类
			F3	山体既有道路利用率	%	≥ 25	指导类
生态经济体系	发展持续高效	产业结构（G）	G1	战略新兴产业增加值占 GDP 比重	%	≥ 20	评价类
			G2	绿色产业增加值占工业总产值比例	%	≥ 30	指导类
			G3	工业用地增加值	亿元 / 平方公里	≥ 45	评价类
			G4	工业用地单位面积固定资产投资强度	万元 / 亩	≥ 350	指导类
			G5	工业用地亩均税收	万元 / 亩	≥ 20	指导类
		居民丰裕（H）	H1	城镇登记失业率	%	≤ 3.2	指导类
			H2	社会保险覆盖率	%	100	指导类

续表

系统层	要素层	目标层	指标单元				
			编号	控制内容	单位	指标值	控制类型
生态经济体系	科技创新驱动	创新技术（J）	J1	每万劳动力 R&D 科学家和工程师全时当量	人年	≥ 50	评价类
			J2	每年吸收海外优秀人才数量占科技人才的比例	%	≥ 10	指导类
			J3	R&D 经费占 GDP 的比例	%	≥ 1	指导类
			J4	企业 ISO14000 认证率	%	≥ 90	评价类
			J5	市政道路绿色施工比例	%	≥ 75	评价类
			J6	温拌沥青路面使用率	%	≥ 75	指导类
			J7	长寿命路面比例	%	≥ 50	指导类
		城市更新（K）	K1	有机转化率	%	≥ 40	评价类
			K2	绿色建筑比例（达到居住建筑国标一星、公共建筑国标二星、工业建筑国标一星）	%	既有 ≥ 20	指导类
						新建 100	
			K3	既有建筑改造再利用比例（非工业建筑）	%	≥ 40	指导类
			K4	建筑垃圾资源化利用率	%	30	指导类
	治理体系健全	健康生活（L）	L1	建成区噪声达标率	%	100	评价类
			L2	施工噪声达标率（昼间≤ 70 分贝，夜间≤ 55 分贝）	%	100	指导类
			L3	交通噪声达标率（昼间≤ 70 分贝，夜间≤ 55 分贝）	%	100	指导类
			L4	夜间施工控制率	%	100	指导类
			L5	绿色出行所占比例	%	≥ 80	评价类
			L6	节能与新能源公交车使用比例	%	100	指导类
			L7	通过网络办理行政手续的政府部门比例	%	≥ 50	指导类

续表

系统层	要素层	目标层	指标单元				
			编号	控制内容	单位	指标值	控制类型
生态经济体系	治理体系健全	排污减量（M）	M1	万元 GDP 能耗削减率	%	≥ 5	评价类
			M2	清洁能源利用比例	%	≥ 35	指导类
			M3	工业区可再生能源使用比例	%	≥ 15	指导类
			M4	综合能耗弹性系数	—	0.3	指导类
			M5	万元工业增加值碳排放量消减率	%	≥ 3	评价类
			M6	单位 GDP 碳排放强度	吨 C/ 百万美元	≤ 150	指导类
			M7	生活垃圾无害化处理率	%	100	评价类
			M8	生活垃圾分类收集率	%	100	指导类
			M9	工业固体废弃物（含危废）处置利用率	%	100	评价类
			M10	污水集中处理率	%	100	评价类
			M11	污水处理稳定达标保障率	%	100	指导类
生态文化体系	环境公平正义	职住平衡（N）	N1	就业住房平衡数	%	≥ 50	评价类
			N2	经济适用房、廉租房比例	%	≥ 20	指导类
			N3	新建项目混合用地比例	%	≥ 30	指导类
		价值引导（P）	P1	生态文明宣传教育普及率	%	100	指导类
	生活品质提升	设施完善（Q）	Q1	建成区公园 500 米服务半径覆盖率	%	100	指导类
			Q2	公交站点 500 米半径覆盖率	%	100	指导类
			Q3	15 分钟社区生活圈覆盖率	%	100	评价类
			Q4	500 米范围内有免费文体设施社区比例	%	≥ 60	指导类
			Q5	步行设施网络密度	公里 / 平方公里	≥ 10	指导类
			Q7	河湖水面率	%	6	评价类
			Q8	公共安全接触水体率	%	65	指导类
			Q9	水体水系连通率	%	70	指导类
		民生改善（R）	R1	5G 网络覆盖率	%	≥ 100	评价类
			R2	管网漏损控制率	%	100	评价类

续表

系统层	要素层	目标层	指标单元				
			编号	控制内容	单位	指标值	控制类型
生态文化体系	管理智慧有序	智慧管理（S）	S1	搭建城市大数据运营管理平台	—	—	评价类
			S2	城市干道智慧化道路建设比例	%	100	指导类
			S3	环卫管理信息化比例	%	100	指导类
			S4	公交车无人驾驶比例	%	25	指导类
			S5	LED 绿色照明普及率	%	100	指导类
			S6	林地、湿地智慧化监控率	%	≥ 50	指导类
			S7	能耗监测覆盖率	%	100	指导类
		公众满意（T）	T1	公众对生态环境质量满意程度	%	≥ 90	评价类
			T2	居民对生态城文化与发展价值观的认同度	%	≥ 95	评价类
			T3	社会治安满意度	%	≥ 90	评价类

4.3 巢式结构、兼顾更新、指导建设：指标体系特点与亮点

4.3.1 巢式结构指标群，兼顾评价与指导

指标体系是一张大表覆盖整个重庆广阳岛生态城的建设，以巢式结构展开，其指标分为评价类和指导类两类，评价类指标通过打分的方式来获取，可构成引导作用，评价类可通过指导类指标进行推导，但这两者之间不能进行交叉比对分析，这是巢式指标体系的特点（图 4-5）。评价类指标面向生态城的建设发展结果，考虑生态城的发展阶段、建设目标、未来预期等因素，评价自然、经济、社会等方面的生态建设与发展效果，从检测结构完整、过程高效、成果显著等方面对生态城发展结果进行评价，并助力指标体系的自我完善；指导类

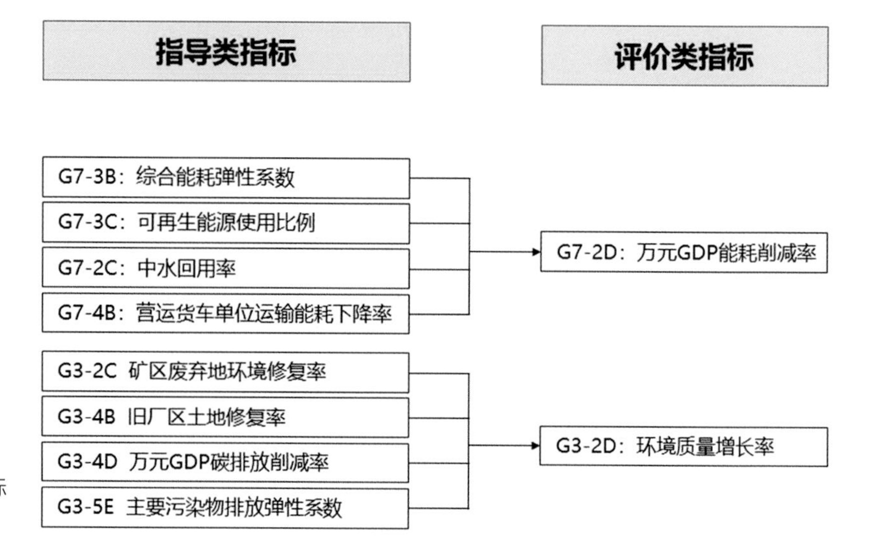

图 4-5 巢式结构指标体系

指标面向生态城的建设过程，遵循分层控制、突出重点、动态完善的原则，从能量、物质的流动与平衡方面对生态城的建设进行指导，充分考虑城市规划管理工作的特点和要求，指导生态城物质空间载体的建设标准，对未来城市开发建设、运行管理提供更为优质的物质性保障。

例如，就业住房平衡指数反映了生态经济与生态文化两系统之间的联系，是一个评价性的正向指标，可以通过规划建设管理部门的统计计算得出，在重庆经开区的合格标准为大于 50%，即为本地居民就业人口中有 50% 以上的人同时在本地就业，具体操作体现在用地混合布局、就业岗位提供、交通通勤方式和住房总量配置等方面；有机转化率反映以综合整治类绿色改造项目为手段的城市更新，即以不改变既有建筑肌理，不改变现有建筑主体为基本原则对环境综合整治、功能提升和各类建筑物绿色化改造的项目占全部更新项目的比例，是体现生态安全、生态经济、生态文化三系统之间联系的综合型指标，是评价性的正向指标，通过对综合整治的绿色改造项目占全部更新项目的比例进行约束，可以通过规划建设管理部门、生态环保部门的统计计算得出，在经开区的合格标准为大于 40%。具体操作体现在环境综合整治、功能提升、各类建筑物绿色化改造以及四节一环保的技术应用等方面（图 4-6）。

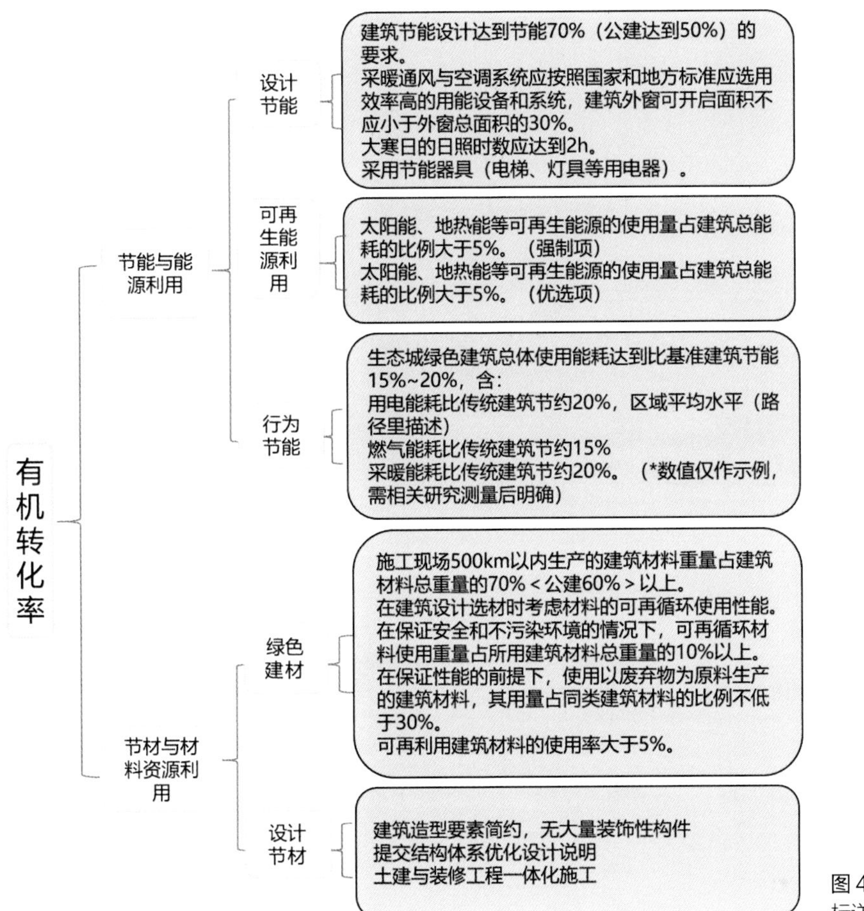

图 4-6　有机转化率指标详解

4.3.2 创新城市更新指标，促进城市高质量发展

基于城市更新的思想对指标体系进行综合研究，生态城内的建成区需要结合居民的需要延续乡愁，把城市更新工作做好。在重庆经开区大量的产业用地中，考虑产业用地痛点，集中提高用地集约性和现有产业的转型提升，综合治理城市基础设施和公共设施体系。

目前，城市发展已迈入存量更新时代，城市更新既是建筑规划的时代更迭，也是科技人文的发展需求，更是经济民生的新方向 [5]。在重庆广阳岛生态城规划的 105 平方公里范围内，已供用地约 18.21 平方公里

（表 4-5），其中工业用地中以苦竹溪为界的长江工业园 C 标准分区已建设完成，D 标准分区已部分建成，生态城的建设和发展伴随着城市更新。

重庆广阳岛生态城现状用地情况一览表　　表 4-5

序号	用地性质	已供用地（公顷）	存量用地（公顷）	小计（公顷）
1	居住用地	117.93	1196.08	1314.01
2	住商混合用地	8.48	9.31	17.79
3	商业服务设施用地	113.04	502.90	615.94
4	商住混合用地	4.60	0.00	4.60
综合用地小计		224.05	1708.29	1932.34
1	工业用地	328.1	19.43	347.53
2	物流仓储用地	14.98	10.15	25.13
产业用地小计		343.08	29.58	372.66
1	公共管理与公共服务设施用地	112.10	222.73	334.83
2	道路与交通设施用地	517.68	589.15	1106.83
3	公用设施用地	15.84	50.55	66.39
基础设施用地小计		645.62	862.43	1508.05
1	绿地与广场用地	37.64	335.2	372.84
2	弹性预控用地	1.20	102.87	104.07
其他用地小计		38.84	438.07	476.91
合计	城市建设用地	1335.08	3054.50	4389.58
合计	总用地面积	1821.71	5151.19	10500

在城市产业用地更新过程当中，如何以市场为前提，在非政府政策法规的强制要求下实现土地集约利用，如何提升资源利用率高且具有生态保护价值的生产工艺，如何实现城市公共服务设施和基础设施的均衡平等供给以及综合管控的目标落位；另外，非产业用地如何实现城市历史文脉的传承，这些都是重庆广阳岛生态城在建设发展过程中需要解决

的问题。为此，重庆广阳岛生态城巢式指标体系提出了基于城市更新的指标体系构建技术亮点。在重庆经开区的大量产业用地中，考虑到产业用地的痛点，重庆广阳岛生态城创新性地提出了城市更新指标，提高土地集约性，并提升现有生产工艺，完善基础设施和公共设施，延续城市居民的乡愁记忆。生态城中城市更新的实施途径主要基于生态城自然、社会、经济的发展需求，对旧工业区、旧商业区、旧居住区、城中村及旧屋村等城市建成区进行综合整治、功能置换或拆除重建，促进城市高质量可持续发展。

重庆广阳岛生态城指标体系中存在四大类指标解决产业用地更新需求问题，分别是有机转化率和万元 GDP 能耗削减率（表 4-6），这四类指标可以对工业用地空间进行整合、集约、优化，提升土地使用效率和可再生能源的利用比例，并对旧厂区和土地进行环境修复，改善生态本底质量，引导产业用地更新，提升生态城环境质量。对非产业用地内的建筑，提出有机转化和文脉延续要求，明确城市更新的价值判定方向。

城市更新类指标一览表　　表 4-6

<table>
<tr><th rowspan="2">因子层</th><th rowspan="2">评价类指标</th><th rowspan="2">指导类指标</th><th colspan="2">参考值</th><th rowspan="2">单位</th><th rowspan="2">方向性</th><th rowspan="2">控制类型</th><th rowspan="2">更新范围</th></tr>
<tr><th>控制区</th><th>协调区</th></tr>
<tr><td rowspan="8">城市更新指标体系</td><td rowspan="4">G5-2D 有机转化率</td><td>G5-2C　既有建筑改造再利用比例（非产业用地）</td><td rowspan="4">≥ 40%</td><td rowspan="4">≥ 40%</td><td rowspan="4">—</td><td rowspan="4">正</td><td rowspan="4">引导性</td><td rowspan="4">综合整治
功能置换</td></tr>
<tr><td>G5-3B　可再利用建筑材料使用率</td></tr>
<tr><td>G5-3B　改建中产生的建筑垃圾回收利用率</td></tr>
<tr><td>G5-2D　施工现场 500 公里以内产生的建筑材料重量占建筑材料总重量</td></tr>
<tr><td rowspan="4">G7-2D 万元 GDP 能耗削减率</td><td>G7-3B　综合能耗弹性系数</td><td rowspan="4">≥ 30%</td><td rowspan="4">≥ 25%</td><td rowspan="4">—</td><td rowspan="4">正</td><td rowspan="4">引导性</td><td rowspan="4">综合整治
功能置换</td></tr>
<tr><td>G7-2C　可再生能源使用比例</td></tr>
<tr><td>G7-3C　中水回用率</td></tr>
<tr><td>G7-4B　营运货车单位运输能耗下降率</td></tr>
</table>

注：指标来源为《绿色发展指标体系》《国家生态工业示范园区评价指标》《2009-2020 年中国低碳城市发展战略目标》等。

4.3.3 指导近期建设，明确执行单位

指标体系作为重庆广阳岛生态城建设的指导性标准，可以为生态城的规划建设和管理提供有效的指导和参考。重庆广阳岛生态城指标体系可以与生态城的近期项目协调结合，从而指导近期项目建设，确保指标体系的落地实施，实现经济效益、环境效益和社会效益的全面提升。例如根据《广阳岛片区总体规划（2020-2035）》，生态城清洁能源工程项目建设主要涵盖水能、太阳能、风能、生物质能等能源，在项目推进过程中要满足对接的指标主要是实现生态城清洁能源利用率达到35%、绿色建筑比例达到100%以及生活垃圾分类收集率、生活垃圾无害化处理率达到100%等；绿色智慧住区工程主要在可持续建筑、社区设施与服务、社区景观、安全社区和社区管理等方面提出了建设要求，对接的指标主要有绿色建筑比例达到100%、就业住房平衡指数不少于50%、15分钟社区生活区覆盖率达到100%等；根据《大数据产业发展规划（2016-2020年）》打造数据、技术、应用与安全协同发展的自主产业生态体系要求，生态城着力推进长江工业园C/D标准分区智慧产业园升级（产业生态化）示范项目，达到资源整合、治理能力提升和产业创新发展的目标，对接实现的指标主要有万元GDP能耗削减率不少于5%、工业固体废弃物（含危废）处置利用率100%、5G网络覆盖率100%、能耗监测覆盖率100%、企业ISO14000认证率不少于90%等。

同时，结合具体指标所涉及的任务性质，近期建设指标体系中明确了具体的落实执行单位（表4-7），组织实施和开展指标落实的监督管理工作。同时鼓励相关部门之间密切配合，建立并完善日常联络、工作通报、资源共享、媒体协作等联合工作机制，全面化、最大化地进行城市建设管理，科学地进行人员配置和资金配置；防止政府部门之间工作推脱、责任推卸等现象发生；此外可以将指标落实情况作为相关部门负责人工作绩效考核的重要依据，提高生态城建设的工作效率和质量。

指标落实执行单位一览表 表 4–7

系统层	要素层	目标层	指标单元			
			编号	控制内容	指标值	执行部门
生态安全体系	环境安全稳固	生物多样（A）	A1	森林覆盖率	≥ 42	生态环保部门
			A2	山体整体保护率	≥ 90	生态环保部门
		物种多样（B）	B1	综合物种指数	≥ 0.5	生态环保部门
			B2	本地植物指数	≥ 0.7	生态环保部门
			B3	食源植物种类比例	≥ 5	生态环保部门
			B4	清风廊道管控宽度	≥ 100	生态环保部门
	服务产品永续	供给充足（C）	C1	建成区绿地率	≥ 25	规划建设管理部门
			C2	人均公共绿地面积	≥ 12	规划建设管理部门
		水土调节（D）	D1	生态岸线比例	≥ 90	生态环保部门
			D2	雨水净化处理率	≥ 60	生态环保部门、规划建设管理部门
			D3	雨水年径流总量控制率	≥ 75	生态环保部门
			D4	建成区透水性地面面积比率	≥ 55	规划建设管理部门
	系统良性循环	环境保护（E）	E1	地表水环境质量达标率	100	生态环保部门
			E2	空气环境质量达标率	≥ 310	生态环保部门
		资源保护（F）	F1	自然湿地净损失	0	生态环保部门
			F2	边坡修护率	≥ 90	生态环保部门
			F3	山体既有道路利用率	≥ 25	生态环保部门
生态经济体系	发展持续高效	产业结构（G）	G1	战略新兴产业增加值占 GDP 比重	≥ 20	经济发展部门
			G2	绿色产业增加值占工业总产值比例	≥ 30	经济发展部门
			G3	工业用地增加值	≥ 45	经济发展部门
			G4	工业用地单位面积固定资产投资强度	≥ 350	经济发展部门、规划建设管理部门
			G5	工业用地亩均税收	≥ 20	经济发展部门、财政部门
		居民丰裕（H）	H1	城镇登记失业率	≤ 3.2	人力社保部门
			H2	社会保险覆盖率	100	人力社保部门

续表

系统层	要素层	目标层	指标单元			
			编号	控制内容	指标值	执行部门
生态经济体系	科技创新驱动	创新技术（J）	J1	每万劳动力 R&D 科学家和工程师全时当量	≥ 50	经济发展部门
			J2	每年吸收海外优秀人才数量占科技人才的比例	≥ 10	经济发展部门
			J3	R&D 经费占 GDP 的比例	≥ 1	经济发展部门
			J4	企业 ISO14000 认证率	≥ 90	经济发展部门
			J5	市政道路绿色施工比例	≥ 75	规划建设管理部门
			J6	温拌沥青路面使用率	≥ 75	规划建设管理部门
			J7	长寿命路面比例	≥ 50	规划建设管理部门
		城市更新（K）	K1	有机转化率	≥ 40	国土部门、规划建设管理部门
			K2	绿色建筑比例（达到居住建筑国标一星、公共建筑国标二星、工业建筑国标一星）	既有 ≥ 20	规划建设管理部门
					新建 100	
			K3	既有建筑改造再利用比例（非工业建筑）	≥ 40	规划建设管理部门
			K4	建筑垃圾资源化利用率	30	规划建设管理部门
	治理体系健全	健康生活（L）	L1	建成区噪声达标率	100	规划建设管理部门
			L2	施工噪声达标率（昼间≤ 70 分贝，夜间≤ 55 分贝）	100	规划建设管理部门
			L3	交通噪声达标率（昼间≤ 70 分贝，夜间≤ 55 分贝）	100	规划建设管理部门
			L4	夜间施工控制率	100	规划建设管理部门
			L5	绿色出行所占比例	≥ 80	规划建设管理部门
			L6	节能与新能源公交车使用比例	100	规划建设管理部门
			L7	通过网络办理行政手续的政府部门比例	≥ 50	规划建设管理部门
		排污减量（M）	M1	万元 GDP 能耗削减率	≥ 5	生态环保部门、规划建设管理部门、财政部门
			M2	清洁能源利用比例	≥ 35	规划建设管理部门

续表

系统层	要素层	目标层	指标单元			
			编号	控制内容	指标值	执行部门
生态经济体系	治理体系健全	排污减量（M）	M3	工业区可再生能源使用比例	≥ 15	生态环保部门
			M4	综合能耗弹性系数	0.3	生态环保部门、规划建设管理部门、财政部门
			M5	万元工业增加值碳排放量消减率	≥ 3	生态环保部门、财政部门
			M6	单位 GDP 碳排放强度	≤ 150	生态环保部门、经济发展部门
			M7	生活垃圾无害化处理率	100	生态环保部门
			M8	生活垃圾分类收集率	100	生态环保部门、规划建设管理部门
			M9	工业固体废弃物（含危废）处置利用率	100	生态环保部门
			M10	污水集中处理率	100	生态环保部门、规划建设管理部门
			M11	污水处理稳定达标保障率	100	生态环保部门、规划建设管理部门
生态文化体系	环境公平正义	职住平衡（N）	N1	就业住房平衡数	≥ 50	国土部门、规划建设管理部门
			N2	经济适用房、廉租房比例	≥ 20	规划建设管理部门
			N3	新建项目混合用地比例	≥ 30	国土部门、规划建设管理部门
		价值引导（P）	P1	生态文明宣传教育普及率	100	生态城建设指挥部门
	生活品质提升	设施完善（Q）	Q1	建成区公园 500 米服务半径覆盖率	100	规划建设管理部门
			Q2	公交站点 500m 半径覆盖率	100	规划建设管理部门
			Q3	15 分钟社区生活圈覆盖率	100	规划建设管理部门
			Q4	500 米范围内有免费文体设施社区比例	≥ 60	规划建设管理部门
			Q5	步行设施网络密度	≥ 10	规划建设管理部门
			Q7	河湖水面率	6	规划建设管理部门
			Q8	公共安全接触水体率	65	规划建设管理部门
			Q9	水体水系连通率	70	规划建设管理部门

续表

系统层	要素层	目标层	指标单元			
			编号	控制内容	指标值	执行部门
生态文化体系	生活品质提升	民生改善（R）	R1	5G 网络覆盖率	≥ 100	大数据管理部门
			R2	管网漏损控制率	100	规划建设管理部门
	管理智慧有序	智慧管理（S）	S1	搭建城市大数据运营管理平台	—	规划建设管理部门、大数据管理部门
			S2	城市干道智慧化道路建设比例	100	规划建设管理部门、大数据管理部门
			S3	环卫管理信息化比例	100	规划建设管理部门、大数据管理部门
			S4	公交车无人驾驶比例	25	规划建设管理部门、大数据管理部门
			S5	LED 绿色照明普及率	100	规划建设管理部门、大数据管理部门
			S6	林地、湿地智慧化监控率	≥ 50	规划建设管理部门、大数据管理部门
			S7	能耗监测覆盖率	100	规划建设管理部门、大数据管理部门
		公众满意（T）	T1	公众对生态环境质量满意程度	≥ 90	生态城建设指挥部门
			T2	居民对生态城文化与发展价值观的认同度	≥ 95	生态城建设指挥部门
			T3	社会治安满意度	≥ 90	生态城建设指挥部门

4.4 指导落地执行、可测度可操作：指标分解方式与路径

重庆广阳岛生态城的建设实施以指标体系为目标导向，协同政府、企业、投资公司和公众四大实施主体，结合政策、规划、技术领域的各种工具，在自然、经济、社会三个城市子系统内分阶段实施。科学的指标体系可以准确指导生态城的发展方向，在生态城的建设发展中要充分

发挥指标体系的引领作用，确保其建设目标的实现[6]。指标分解是指在城市建设理论和实际工作经验的基础上，确定生态城指标实现的关键要素，随之明确指标实现的关键环节，把指标分解到可以落地操作的次级管控目标，并根据这些控制方面梳理出具体建设措施[7]。指标分解实施还要注重具体措施与指标本身关联性，明确统计和监测方法，使得指标可统计、可计算，并可以进行还原评估，从而实现指标体系的反馈修正[8]。

4.4.1 指标体系分解实施

指标体系通过分解到次级管控目标再制定具体措施的方式真正落实到生态城建设与治理中，在这个过程中，为了评价生态城建设效果，指标分解的结果必须可监测、可统计。通过监测统计，对进行指标体系进行还原和修正，使指标体系分解实施的结果动态化。基于此，重庆广阳岛生态城指标体系分解实施主要分为措施制定、统计监测、还原评估和反馈修正四个方面。

（1）措施制定

明确生态城指标体系中各指标涉及的关键要素，从而确定指标实现的关键环节和次级管控目标。根据次级管控目标建立重庆广阳岛生态城全生命周期的具体发展措施。

（2）统计监测

分解到次级管控目标之后，梳理出生态城实施操作的不同阶段，划分统计基础单元，构建指标体系的统计监测体系。通过建立硬件和软件系统，最终形成数字生态城的基础，来解决指标分解中出现的各种数据问题。

（3）还原评估

考虑指标间的关联性和不确定性，通过搭建指标还原模型，使得次级管控目标数据可以还原到原始指标体系之中，并使之融入数字生态城系统。通过指标体系还原模型对指标分解后的各项措施实施效果进行动态评估，为指标及实施措施的调整提供依据。

（4）反馈修正

通过对指标的还原评估，达到对于指标分解涉及的关键要素和环节、具体措施以及指标完成程度的还原及评估。通过评估结果，完成对指标体系的反馈，并实现对指标体系的更新修正。

4.4.2 具体指标分解路径

通过解析具体各项指标的定义和计算公式，确定指标控制要素，明确指标实现的关键技术环节，建立起对每个关键技术环节的控制目标，从而实现具体指标分解落实。指标分解路径图（图 4-7）的横向是重庆广阳岛生态城指标落实涉及的各个方面，确定次级管控目标后，对政策、规划和技术等方面的措施进行梳理，形成生态城的建设指导工具。通过指标分解明确分解目标的统计方式和方法，从而建立起整个指标体系的统计和监测体系，这是重庆广阳岛生态城系统自我修正和反馈以及数字生态城的科学基础。

图 4-7 指标分解路径图

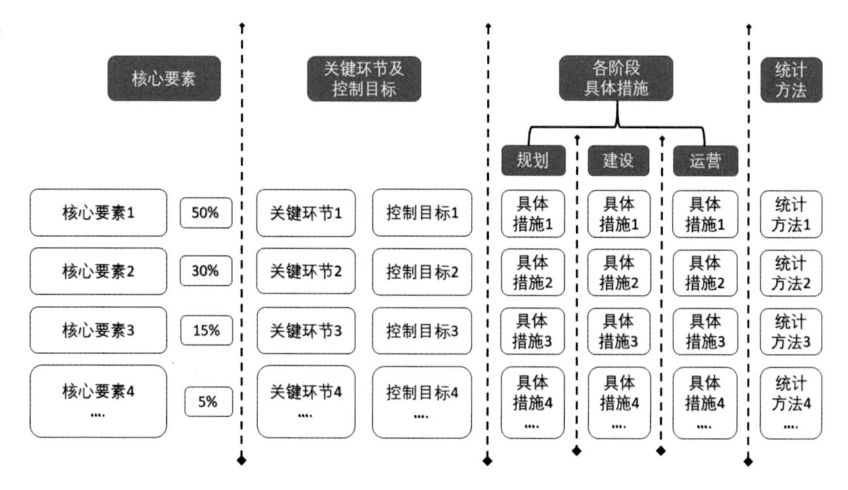

以雨水年径流总量控制率为例，年径流总量控制率的定义和计算公式为通过自然和人工强化的渗透、集蓄、利用等方式，累计全年得到控制的降雨量占全年总降雨量的比例。根据其指标定义，提高雨水年径流总量控制率需要降低生态城全年的排雨量，降低全年外排雨量需要通过增加雨水调蓄、雨水下渗等措施实现。从管控要素“工具箱”中筛选出这两项关键技术环节的相关控制要素，包括下凹式绿地率、单位面积雨水调蓄设施容积、硬质地面透水面积比例等控制指标，共同实现“年径流总量控制率”这一指标，依据国家或国际标准，并结合不同用地类型的建设要求，从而确定相应的目标值（图 4-8）。

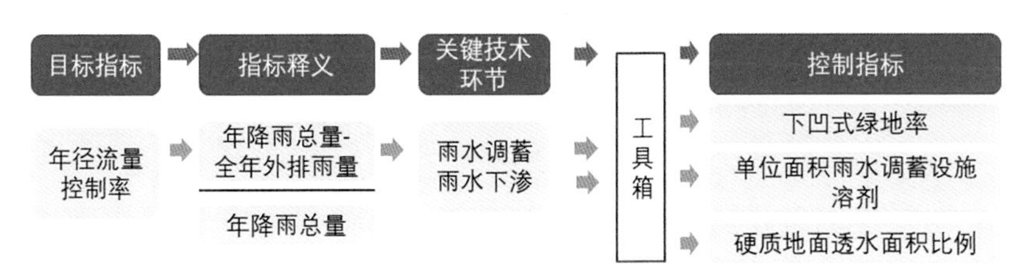

图 4-8　年径流量控制率指标分解路径图

4.5 根植城市实际、注重落地实效：指标体系的落实途径

4.5.1 引领生态文明

“绿水青山就是金山银山”是习近平总书记生态文明思想的核心内涵[9]。妥善处理好生态保护与经济建设的关系就要明确认识到“绿水青山”与“金山银山”的转化关系，既不是对自然资源和生态环境竭泽而渔，也不是舍弃经济发展而缘木求鱼，而是把自然资源和生态环境视为推动生态城生产力发展的积极要素[10]，落实“两山”理论，突出生态优先、绿色发展的理念[11]。重庆广阳岛生态城指标体系围绕生态文明思想中的“两山”理论和重庆山城特色梳理出了绿水青山、金山银山、山城、和谐共生、绿色发展等重点宏观指标（图 4-9），通过指标体系中评价性指标的完成情况，以最精炼的方式体现生态城建设成果，使人

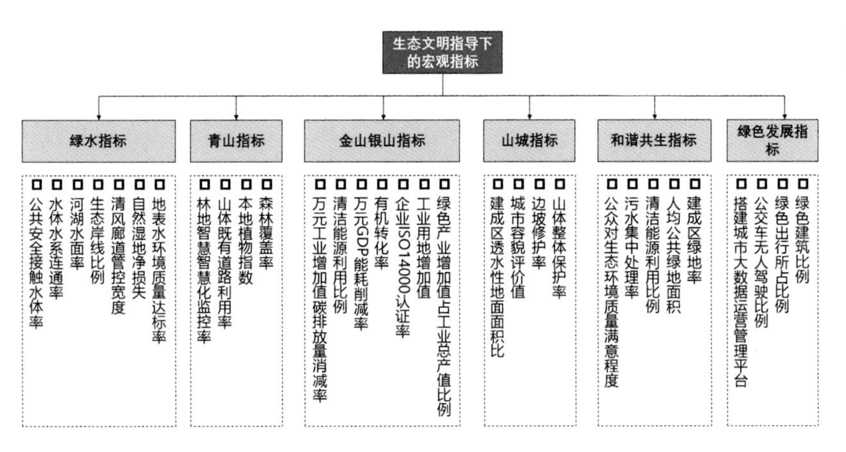

图 4-9　生态文明指导下的宏观指标框架

们可以很直观地看到生态城的发展重点，看到重庆广阳岛生态城指标体系对生态文明思想和重庆本地山水特色的具体体现。

4.5.2 凸显灵活运用

4.5.2.1 评分方式的灵活和可操作性

重庆广阳岛生态城指标体系在评分方式具备灵活性和可操作性，通过对评价类指标赋予相应的权重，可以计算重庆广阳岛生态城生态指数（图 4-10）。当指标统计计算值未达到指标控制值时，指标得分 p 为 0，按标准达到控制值时，指标得分 p 为 1，超额达到控制值时，指标得分 p=1+（指标统计值 - 指标值）/ 指标值，生态城生态指数计算公式为 $E=\sum(p_n \times \varepsilon_n)\times 100$。

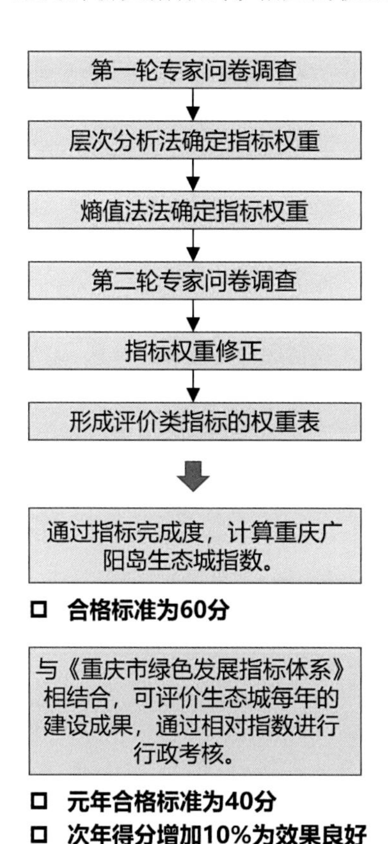

图 4-10 重庆广阳岛生态城生态指数计算流程图

根据《绿色城区评价标准》等国家部委的评分经验，生态指数达到 60 分，到 2025 年便是一个合格的生态城，这是一个绝对指数。重庆广阳岛生态城存在一个进行行政考核的相对指数，考核元年合格标准为 40 分，此后每年得分增加 10% 视为效果良好。这样的操作相对灵活，可以保证在未来政策、技术、理念以及管理者的侧重点发生变化的时候，生态城指标体系依然是行之有效的。值得注意的是，当生态城指标体系中有未达标指标而部分指标达标完成度较高导致生态城指数最终结果大于 100 时，依旧表示生态城未完成建设任务。

4.5.2.2 生态资产的可量化与可交易

在重庆广阳岛生态城全域范围内推行生态资源储蓄交易模式，提升区域内生态资源价值，打通从“绿水青山”到“金山银山”的转换路径。

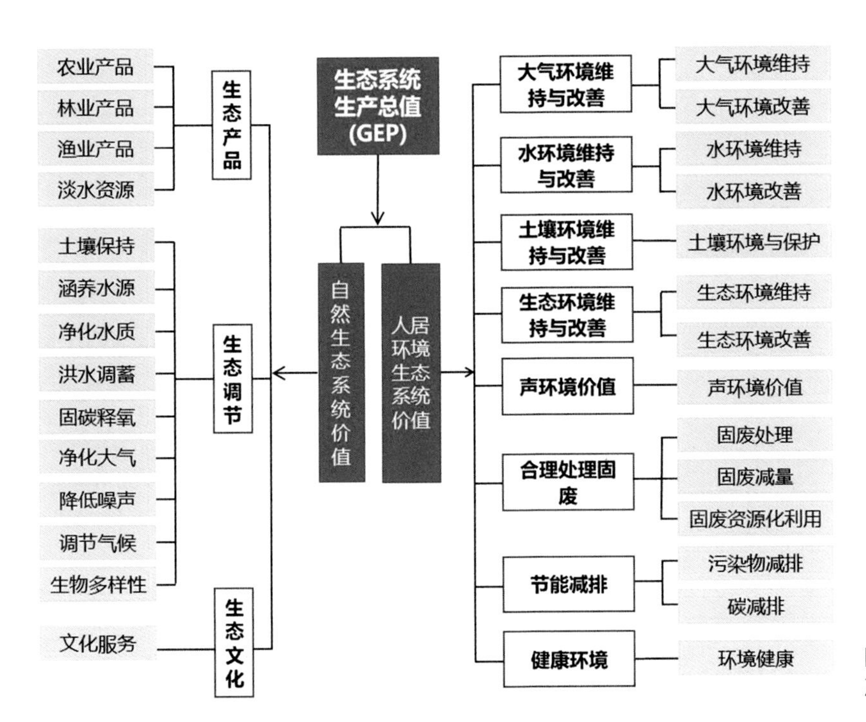

图 4-11　生态系统生产总值核算

将现代金融的理念、运作模式与以绿水青山为标志的生态资源保护和开发有效结合起来，推进建立生态资源资产化、资本化运营的模式，核算生态系统生产总值，实现生态资源可交易化（图 4-11）。构建政府引导、企业和社会各界参与以及市场化运作的生态资源运营服务体系，形成政府、企业、投资公司、公众共同参与的治理模式，推进落实资源产权制度等配套改革，形成以生态产品价值保值增值为目标的监管体系，拓宽“两山”转化路径。

“生态银行”通过搭建一个围绕生态资源进行管理、整合、转换、提升、市场化和可持续运营的平台，对生态资源进行优化配置和高效利用，实现综合效益提升[12]（图 4-12）。生态城的山、水、林、田、湖、草等一切自然资源和需要集中保护开发的耕地、园地、湿地都将成为“生态银行”的目标资源资产。如生态城指标体系中本地植物指数的确定可影响生态产品中林业产品的核算，根据重庆市成熟林木平均价格，就可以得出这个部分的生产总值，然后可通过建立“生态银行”的模式通过租赁、入股、托管、购买的形式对生态资源进行确权与交易，平衡生态价值相对缺乏的地区，为绿水青山就是金山银山的落实提供一个可实施的途径。

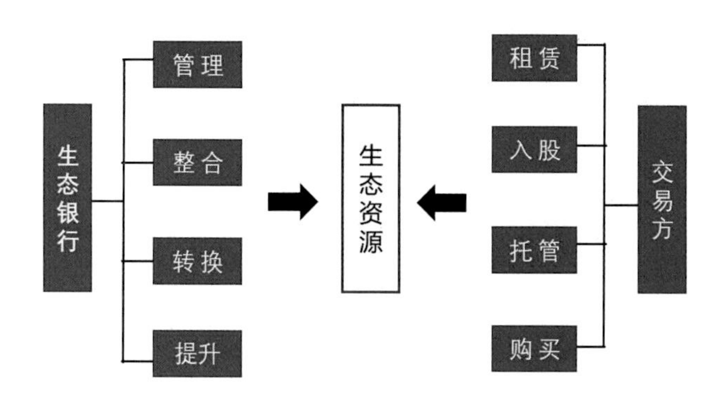

图 4-12 生态资源可交易化

4.5.3 保障落地实效

4.5.3.1 事后运营与事先引导相结合

通过吸取既有生态城指标体系的落实经验和重庆本地的相关经验，策划了重庆广阳岛生态城指标体系的执行途径，形成了事后运营与事先引导相结合指标体系落实的三个机制和三类途径（图 4-13）。

（1）三个机制

第一个机制是执行委员会的管理机制，融合管理执行办公室、借助城市大脑、协调生态城智库，共同形成重庆广阳岛生态城指标体系的管理评估考核机构，发布《关于贯彻落实重庆广阳岛生态城指标体系的实施意见》，如需形成地方性法规文件，需由重庆市人大常委会颁布《重庆市广阳岛生态城指标体系执行管理办法》，由重庆市级领导牵头，生

图 4-13 指标体系落实三机制和三途径

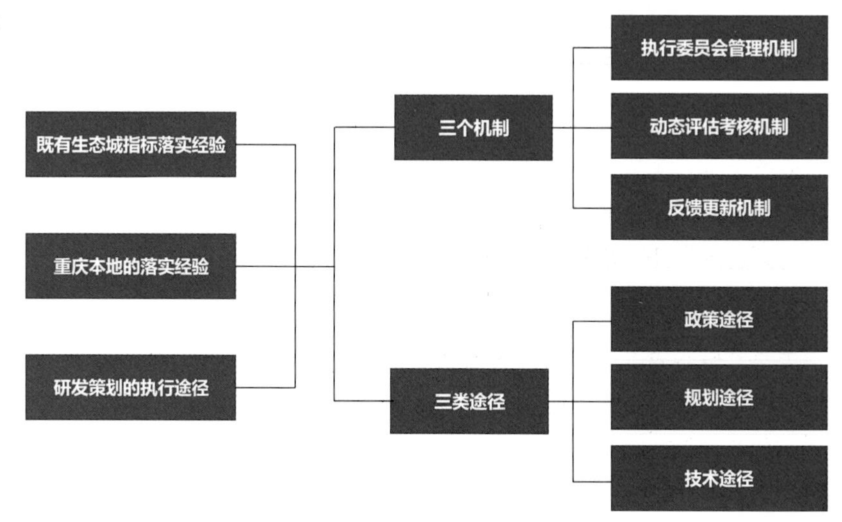

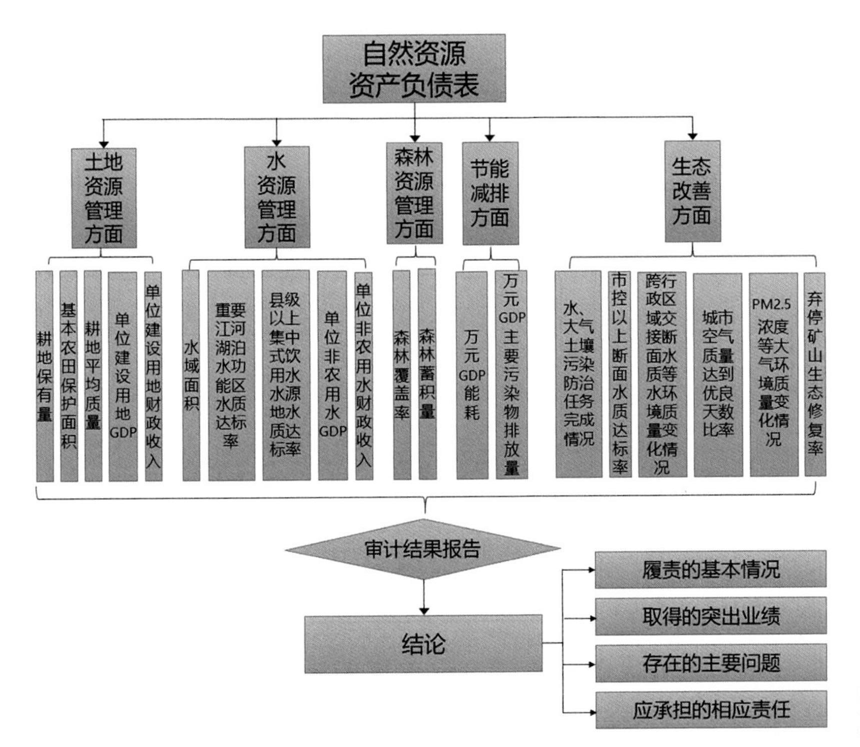

图 4-14　自然资源资产负债表流程

态城智库参评。当指标体系的管理、评估、考核以及涉及的行政审批需要更高一级的管理机构，可由重庆市统筹、广阳岛片区长江经济带绿色发展示范建设领导小组发布管理计划或方案。

第二是动态评价的考核机制，对于生态城进行逐年的考核，并且对不同建设阶段的地块和项目进行差异化的评估，已建区全部指标均采用监测的方式进行考核，运行监测数据作为管理与绩效考核的计算依据；在建区全部考核指标均采用项目建设方填报表格上报，政府部门随机抽查考核，在建设过程中监测数据，作为建设过程验证与考核依据；未建区考虑采用模型辅助模拟和设计方案的图纸审查等方式进行评估考核，以设计和模拟结果为基准值。对不同的实施主体进行“共同但有区别的责任”划分，建立自然资源资产离任审计政策，整理自然资源负债表（图 4-14），自然资源资产负债表的基本平衡关系为期初存量 + 本期增加量 − 本期减少量 = 期末余量。对于考核结果，可以用作党政领导班子成员以及各指标体系责任单位、相关企业的考核和审查当中（表 4-8）。

动态考核评估机制 表 4-8

考核结果	党政领导班子成员	各类指标的责任单位	相关企业
优秀	通报表扬，领导干部综合考核评价中加分	干部任免的重要依据	税收减免奖励，工艺提升财政补贴
不合格	根据一岗双责的原则，通报批评、约谈、限期整改		取消入驻时的优惠政策、限期整改、撤厂迁出

第三个机制是反馈更新机制，通过逐年的测评，指导类指标每年进行动态调整，评价类指标每五年进行一次调整，这个过程需要重庆广阳岛生态城智库的全面参与（图 4-15）。在评测过程中把指标划分为四种，分别分布于四个象限之中，A 象限指标可以继续保留，并逐年测评，若指标过时，可以淘汰；B 象限指标应该协调相关项目建设进度，补齐指标所需政策与技术条件；C 象限指标：按总体规划导入产业与人口，逐年测评，动态更正；D 象限指标：因指标可操作性与可测性差，需要进行指标更新替换（图 4-16）。

（2）三个途径

第一个是政策途径，生态城政府单位以生态城指标体系为目标导向，通过权威手段制定的生态城建设应该达到的目标、遵循的原则、行动的任务、工作方式以及工作步骤和措施等政策文件，主要包括了法律政策、行政政策、引导政策等。政策途径是以政府为主导的，但需要公共机构、企业、公众等各方面力量参与和介入，所有人公平地参与生态

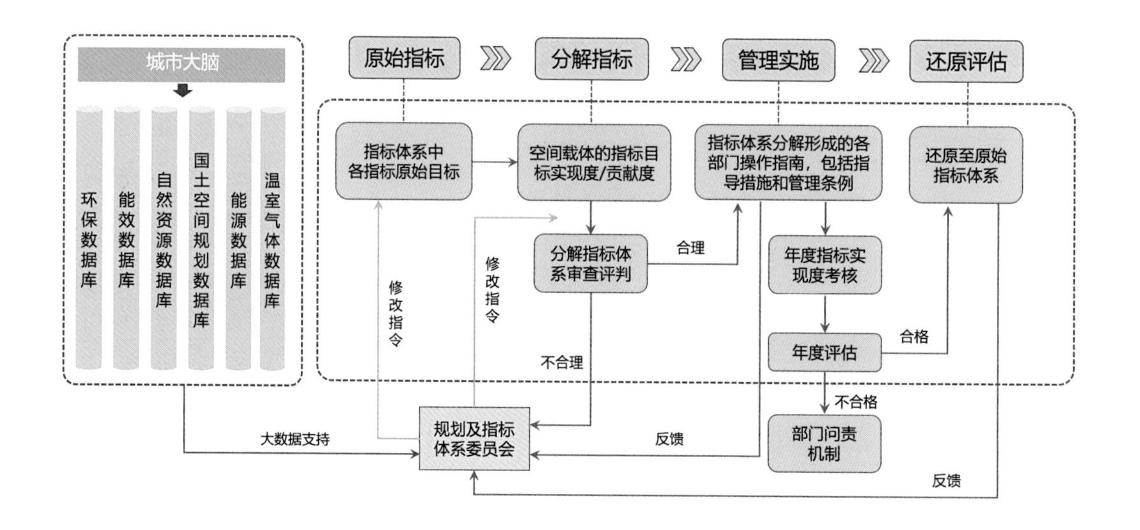

图 4-15 反馈更新机制

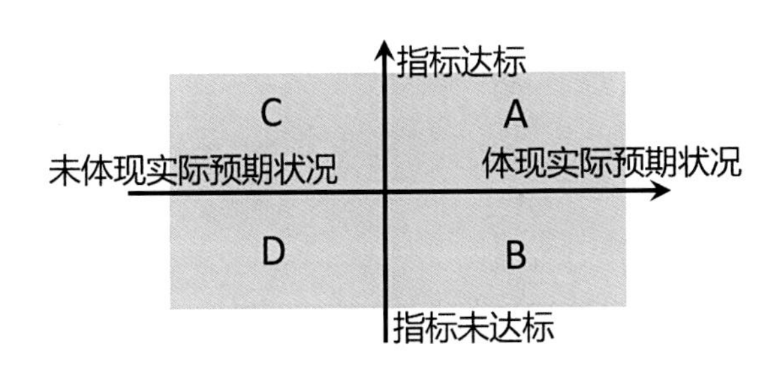

图 4-16　指标评测分类

城发展政策制定和公共管理过程。

第二个是规划途径，通过城市规划的手段将经济和人口发展、土地利用、交通和基础设施系统整合在一起，从而实现指标体系在城市空间方面的落实。生态城的规划途径重点不仅包含城市建设的引导，还包含生态城资源的保护和利用。例如，可再生能源利用率指标在交通耗能方面的控制，可以在生态城规划阶段编制《重庆广阳岛生态城综合交通规划实施导则》，明确可再生和清洁能源的使用要求、交通设施和机动车的技术标准以及道路的设计要求等；在建设阶段根据《重庆广阳岛生态城综合交通规划实施导则》对绿色交通建设的实施进行监管。

第三个途径是可直接应用于生态城建设的技术途径，此项落实途径有助于各项实体技术的发展与推广。例如，可再生能源利用率指标，在城市规划阶段的研究区域内应可再生能源利用和使用热电冷三联供的可行性；在建设阶段可以进行建筑可行性调研，既有建筑和新建建筑可再生能源项目的可行性；在运营阶段编制《重庆广阳岛生态城能源系统运营管理手册》，并对区域内可再生能源供给系统进行实时监控，统计能源利用数据信息，与前期的规划数据进行对比修正，提出相关的系统改进措施。

4.5.3.2 建设导则指引近期项目落地

编制生态城建设导则，将指标体系与广阳岛生态城近期建设项目相结合，进行指标落实，主要集中在人与环境和谐共生、提升人居环境和融合“两山”理论三大建设方向（图 4-17）。现在经济建设项目两年大变样，时间非常紧迫，广阳岛生态城合作项目将要开展方案征集，可将生态城指标体系纳入项目方案征集任务书或是招标的信息中，这样的任务书让责任设计院一看就懂，而且建设方向也会比较明确，每一个项目都与生态城的价值观念紧密地联系在一起。

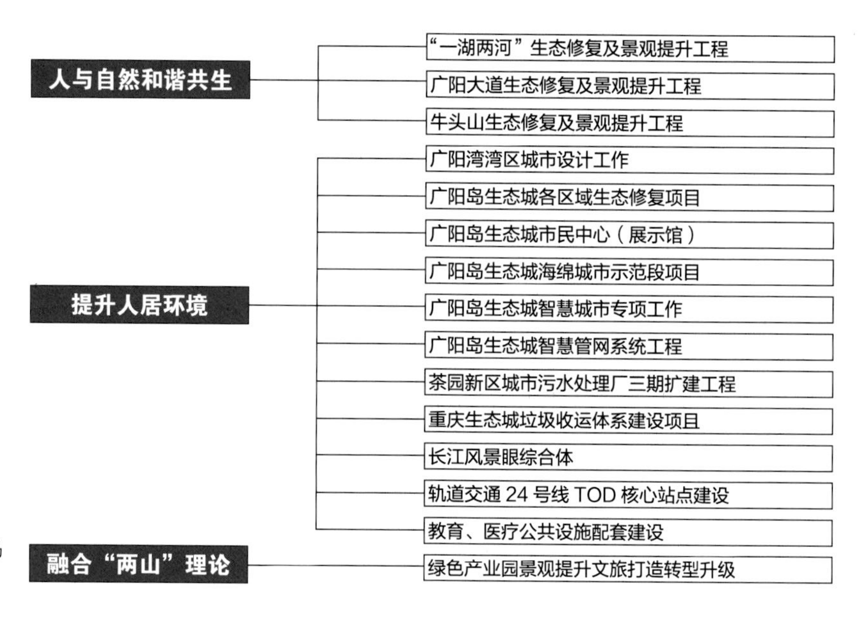

图 4-17　重庆广阳岛生态城近期建设项目

（1）“一湖两河”生态修复及景观提升工程

①项目的实施内容是苦竹溪、渔溪河、团结湖三个生态修复及景观提升工程，包括生命共同体综合修复、园林景观工程、基础设施建设、水安全、水资源、水环境、水生态、水文化等方面的河道生态修复及综合治理建设内容。

②此项工程的核心目标是构建水生态安全体系，达到水安全全国领先；疏通河道，连接水系，实现水系统良性循环全国领先；配合马上开展的项目概念方案征集及方案 EPC 招标工作，提出设计标准。

③与指标体系结合的具体工作主要是：A. 结合地表水环境质量达标率指标，实行河流流域管理制度，建立沿堤岸绿地系统，实现区域内水生生态系统循环，编制《重庆广阳岛生态城地表水环境控制标准》，使现状水体需达到 VI 类水标准；B. 结合污染事故监控预警能力指标，建立全方位自动监测站，重要地表水监控断面 100% 覆盖；C. 结合污水处理稳定达标率指标，实行入水水质监控管理，提升产业园区污水预处理技术，产业园区企业污水 100% 达标排放；D. 结合自然湿地净损失指标，保持湿地总面积不变，包括湿地等级不降低，功能不减弱；保持湿地的自然性，减少人类活动的负面影响；修复湿地水质量，湿地地表水达到 VI 类水标准；E. 结合水体水系连通性实现河流之间的纵横向连通；F. 结合本地植物指数，维持河流地貌特征的多样性、河床断面的多样性、岸坡材料的多样性和岸边植物结构的多样性，确保本地植物

指数超过 70%；G. 结合生态岸线比例，按照“宜林则林，宜草则草”原则对岸线进行整治、修复，打造连贯的绿色生态界面，确保生态岸线比例在 85%。

④确定项目抓手，明确相关部门职责（表 4-9）。

“一湖两河”生态修复及景观提升工程项目抓手　　表 4-9

落实与执行部门	部门职责
规划建设管理部门	执行、汇总： 考核设计方案、监督施工过程，获取指标评价数据，并汇总上报
生态城建设指挥部门	协调： 协调规划建设管理部门与设计单位、施工单位，保障具体指导措施落地
生态城建设指挥部门	评估、奖惩： 指标评估，复查规划设计方案，抽查建设效果。根据指标评估结果考核责任单位和相关企业
第三方研究机构	反馈： 评价指标效果，动态更新指标体系

（2）广阳大道生态修复及景观提升工程

①项目的实施内容是新建段包括生态修复、道路、桥梁、边坡等建设内容；改建提升段将道路由现状 24 米提升为规划宽度 32 米，包括生态修复、道路加宽、路面改造、桥梁加固等建设内容。②此项工程的核心目标是智慧出行、降低污染、打造绿色智慧交通示范项目；打造城市环境的多元化城市交通模式示范项目；配合开展的项目概念方案征集及初设方案招标工作，提出设计标准。③与指标体系结合的具体工作主要是：A. 结合长寿命路面比率指标，采用优质沥青或改性沥青，高性能沥青混凝土路面材料具有足够的抗表面开裂、抗滑及车辙性能；采用厚面层路面结构组合设计方式，路面沥青层厚度一般大于 180 毫米，结构寿命 50 年；B. 结合城市干道智慧化道路建设比例指标，在每个交通路口安装高清摄像头，采集路况的实时信息；建立掌上交通系统，将公交系统站点信息录入数据平台，用户可通过手机查询到公交实时位置；C. 结合市政道路绿色施工比例指标，按照《建筑施工场界噪声限值》（GB12523-90）要求，闹静分区，且夜间 22：00～6：00、午休（12：00～14：00）不得进行大桩作业。④确

定项目抓手，明确相关部门职责（表 4-10）。

广阳大道生态修复及景观提升工程项目抓手　　表 4-10

落实与执行部门	部门职责
规划建设管理部门	执行、汇总： 考核控规方案、监督建设过程，获取数据，汇总上报
生态城建设指挥部门	协调： 协调各执行部门，抽查数据准确性，推行相关配套政策
生态城建设指挥部门	评估、奖惩： 指标评估，根据指标评估结果考核责任单位
执行委员会、智库研究机构	反馈： 评价指标效果，动态更新指标体系

（3）牛头山生态修复及景观提升工程

①项目的实施内容是广阳湾生态体育公园（牛头山生态体育公园），包括生态修复及景观提升工程、建筑工程及市政道路工程三大类。生态修复及景观提升工程总面积约 297.46 公顷。景观服务配套设施包括观景平台、驿站、卫生间、管理用房、步道慢行系统等内容。市政道路全长约 12 公里，规划路幅宽度 16 米。②此项工程的核心目标是修复牛头山整体的景观形态和生态环境；提升城市绿色公共空间建设水平，提升牛头山休闲景观工程和绿色市政工程建设。③与指标体系结合的具体工作主要是：A. 结合山体整体保护率指标，编制《牛头山山体保护规划》，包括山体现状、保护原则、目标和主要任务，划定山体保护范围和保护控制线，落实管控措施；B. 结合综合物种指数指标，在牛头山保护范围内运用园林艺术和工程技术手段建设自然、生活、游憩境域，保护山体物种多样性，综合植物指数超过 0.7；C. 结合本地物种指数指标，牛头山生态绿地中本地植物物种所占比例大于 70%，明确《禁止进入生态城的外地物种名录》（表 4-11），并应更加注重所选植物的生态功能；D. 结合清风管廊管控宽度指标，利用牛头山天然山区构建绿色开放空间，结合城市风向构建便于空气流动的清风廊道，宽度不应小于 100 米；按照合理的要求选用常绿苗木和落叶树种相结合，增加生态林建设，提高种树造林面积。④确定项目抓手，明确相关部门职责（表 4-12）。

禁止进入生态城的外地物种名录（节选） 表 4-11

草类		昆虫	
具结山羊草	列当（属）	白带长角天牛	青杨脊虎天牛
节节麦	小花假苍耳	菜豆象	材小蠹（非中国种）
豚草	野莴苣	黑头长翅卷蛾	七角星蜡蚧
大阿米芹	毒麦	窄吉丁（非中国种）	斑皮蠹（非中国种）
细茎野燕麦	黄顶菊	螺旋粉虱	断眼天牛（非中国种）
法国野燕麦	菟丝子（属）	按实蝇属	猕猴桃举肢蛾
宽叶高加利	南方三棘果	墨西哥棉铃象	云杉树蜂
蒺藜草（属）（非中国种）	硬雀麦	苹果花象	欧洲榆小蠹
铺散矢车菊	疣果匙荠	香蕉肾盾蚧	日本苹虎象
匍匐矢车菊	刺亦模	咖啡黑长蠹	欧洲散白蚁
飞机草	宽叶酢浆草	辐射松幽天牛	南洋臀纹粉蚧
提琴叶牵牛花	臭千里光	果实蝇属	谷拟叩甲
薇甘菊	刺萼龙葵	西瓜船象	蔗扁蛾
北美刺龙葵	翅蒺藜	豆象（属）（非中国种）	墨天牛（非中国种）
宽叶酢浆草	刺茄	瘤背豆象	黑森瘿蚊
黑高粱	欧洲山萝卜	欧非枣实蝇	东京蛎蚧

牛头山生态修复及景观提升工程项目抓手 表 4-12

落实与执行部门	部门职责
生态环保部门、规划建设管理部门	执行、汇总： 考核设计方案、监督施工过程，获取指标评价数据，并汇总上报
生态城建设指挥部门	协调： 协调规划建设管理部门与设计单位、施工单位，保障具体指导措施落地
执行委员会、智库研究机构	反馈： 评价指标效果，动态更新指标体系
生态城建设指挥部门	评估、奖惩： 指标评估，复查规划设计方案，抽查建设效果。根据指标评估结果考核责任单位和相关企业

（4）广阳湾湾区城市设计工作

①项目的实施内容是广阳湾重大功能性项目较多，常规开发用地相对少。聚焦公共空间或者非建设区域，特别是系统性的景观风貌、绿化建设、交通组织、慢行系统、城市家具、标识以及重要节点塑造等。重点地区城市设计结合重点项目策划，指导地块规划条件细化和风貌管控。②此项工程的核心目标是把控广阳湾地区景观风貌和城市建筑高度，保证地区总体建筑色彩格局协调，突出自然特色空间和物质空间的和谐统一；创造高品位城市空间环境，提升城市的吸引力和凝聚力；建设高质量、高环保、高节能绿色建筑群。③与指标体系结合的具体工作主要是：A. 结合建筑风貌及色彩控制，编制广阳湾地区《建筑风貌控制规划》和《建筑色彩控制导则》，整体把控广阳湾地区的建设工程项目；B. 结合山体整体保护率，建筑天际线控制，编制山体保护规划，包括山体现状、保护原则、目标和主要任务，划定山体保护范围和保护控制线，落实管控措施；依据山体保护控制结果调整广阳湾建筑区天际线变化；C. 结合绿色建筑比例指标，合理开发地下空间，编制《地下空间开发利用规划》，实现纵向城市建设，提高城市集约利用效率；施工现场 500 公里以内生产的建筑材料总重量达到 70% 以上；建设建筑智能化系统，实现建筑大数据实时监控监测。④确定项目抓手，明确相关部门职责（表 4-13）。

广阳湾湾区城市设计工作项目抓手　　表 4-13

落实与执行部门	部门职责
规划建设管理部门	执行、汇总： 落实导则编制工作，考核设计方案、监督施工过程
生态城建设指挥部门	协调： 协调生态环保部门、设计单位和规划建设管理部门，保证具体指标和项目的落实工作
生态城建设指挥部门	评估、奖惩： 指标评估，复查规划设计方案，抽查建设效果。根据指标评估结果考核责任单位和相关企业
执行委员会、智库研究机构	反馈： 评价指标效果，动态更新指标体系

（5）广阳岛生态城各区域生态修复项目

①项目的实施内容是生态城社区公园修建。②此项工程的核心目标

是建设功能完善、环境整洁、群众满意的美丽社区公园，持续提升城市居民的幸福感、安全感；依托社区规划师等制度进行公园空间规划布局，打造家门口的休闲娱乐“风景点”。③与指标体系结合的具体工作主要是：A. 结合人均公共绿地面积指标，城市绿地面积达到规划设计要求，人均公共绿地面积超过 12 平方米 / 人；在居住区规划中，住宅绿地率达到 40%，公建绿地率达到 30%；B. 结合建成区公园 500 米服务半径覆盖率指标，居民由居住社区任意一点出发，步行 500 米百分百可以达到社区即公园，实现城市公共空间的均衡布局；C. 结合 15 分钟社区生活圈覆盖率指标，实现 15 分钟社区生活圈覆盖率达 100%，社区服务设施、公园步行 10～15 分钟步行可达；D. 结合 500 米范围内有免费文体设施社区比例指标，均衡布局文体设施空间，文体设施在空间布局上满足 500 米覆盖半径；社区公园 100% 免费开放，确保免费文体设施 100% 对公众开放以及 100% 可正常使用。④确定项目抓手，明确相关部门职责（表 4-14）。

广阳湾湾区城市设计工作项目抓手　　表 4-14

落实与执行部门	部门职责
生态环保部门	执行、汇总： 执行绿化管理方针政策，落实公园规划方案并监督实施
生态城建设指挥部门	协调： 分级、分管、分片负责社区公园建设协调工作，落实公园管理制度
生态城建设指挥部门	评估、奖惩： 实时跟踪社区公园建设，对指标进行阶段性考核评估，督促指标按计划保质保量完成
执行委员会、智库研究机构	反馈： 评价指标效果，动态更新指标体系

（6）广阳岛生态城市民中心（展示馆）

①项目的实施内容是建筑面积 0.5 万平方米，主要功能包括：城市智能管理空间——展示“城市大脑”运营系统；城市设计及艺术展示空间——沙盘展示区、展示墙及多媒体展示厅；市民休闲体验空间；接待辅助区及地下停车区域。室外部分包含景观广场、修复生态草坪、室外停车区域。②此项工程的核心目标是在市民中心全寿命周期内，节约资

源、保护环境、减少污染，最大限度实现人与自然和谐共生的高质量建筑标杆；城市文化外显形象，标志性建筑，激发人们思想情感活动，形成城市文化的具体外显形象，产生强烈的情感共鸣。③与指标体系结合的具体工作主要是：A. 结合绿色建筑比例指标，合理选址，不得破坏自然保护区，建筑区不受洪涝等灾害，安全范围内无威胁源；合理开发地下空间，按《重庆市建设项目配件停车场（库）标准》配置各种停车空间；采用节能器具，建筑节能设计达到节能 70% 以上，太阳能等可再生能源占建筑总能耗的比例大于 10%；施工现场 500 公里以内生产的建筑材料总重量达到 70% 以上；采用再生措施对建筑用水、雨水进行回水利用，非传统水资源利用率不低于 30%；建设建筑智能化系统，实现建筑大数据实时监控监测。B. 结合城市容貌评价值指标，结合重庆市实际编制《生态城城市容貌管理若干规定》，加强城市容貌建设管理，对建筑风貌、建筑色彩、天际线、山脊线和滨水空间进行管控。④确定项目抓手，明确相关部门职责（表 4-15）。

广阳岛生态城市民中心（展示馆）项目抓手　　表 4-15

落实与执行部门	部门职责
生态环保部门	执行、汇总： 考核设计方案、监督施工过程，获取指标评价数据，并汇总上报
生态城建设指挥部门	协调： 协调生态环保部门、规划建设管理部门与设计单位、施工单位，保障具体指导措施落地
生态城建设指挥部门	评估、奖惩： 指标评估，复查规划设计方案，抽查建设效果。根据指标评估结果考核责任单位和相关企业
执行委员会、智库研究机构	反馈： 评价指标效果，动态更新指标体系

（7）广阳岛生态城海绵城市示范段项目

①示范段项目位于广阳湾区域，是未来整个广阳岛智慧创新生态城海绵城市建设的标杆，该海绵城市设施建设包括：下凹式绿地、雨水塘、雨水设施、坡塘湿地初等设施。②此项工程的核心目标是实现雨洪有效管理，打造自然生态空间格局两条通风廊道缓解热岛效应，实现人与自然和谐共生，提升居民舒适度。③与指标体系结合的具体工

作主要是：A. 合建成区透水性地面面积比率指标，级配碎石集料基层压碎值不应大于 26%；最大粒径不宜大 26.5 毫米；集料中小于或等于 0.075 毫米颗粒含量不应超过 3% 。B. 结合管网漏损控制率指标，实行一户一表制，取消和清理居民住宅楼大口径水表计量；并及时更换，杜绝滴漏偷水。C. 结合雨水资源化利用率指标，在雨水收集设施附近设置地下雨水蓄水池，机械截流装置雨水管道内雨水可自流入蓄水池中。D. 结合市政管网信息化采集覆盖率指标，市政管网施工质量 100% 达到国家级生态城标准；保证市政各单项（供排水、再生水等）覆盖率达到 100%。④确定项目抓手，明确相关部门职责（表 4-16）。

广阳岛生态城海绵城市示范段项目抓手　　表 4-16

落实与执行部门	部门职责
生态环保部门	执行、汇总： 考核控规方案、监督建设过程，获取数据，汇总上报
生态城建设指挥部门	协调： 协调各执行部门，抽查数据准确性，推行相关配套政策
生态城建设指挥部门	评估、奖惩： 指标评估，复查规划设计方案，抽查建设效果。根据指标评估结果考核责任单位和相关企业
执行委员会、智库研究机构	反馈： 评价指标效果，动态更新指标体系

（8）广阳岛生态城智慧城市专项工作

①项目内容包含智慧城市运营管理中心、广阳岛生态城智能电网示范工程、广阳岛生态城智能绿色路网示范工程、广阳岛生态城智慧管网系统工程和 5G 新基建工程。②此项工程的核心目标是实现信息化、工业化与城镇化深度融合，提高城镇化质量，实现精细化和动态管理，并提升城市管理成效和改善市民生活质量。③与指标体系结合的具体工作主要是：A. 结合搭建城市大数据运营管理平台指标，制定建设智慧生态城的相关发展纲要、专项规划、行动计划等政策规划；制定智慧城市工程项目建设管理文件，实现其标准化、规范化管理，控制项目进度和预算的偏差；汇集城市综合运行管理数据分析，实现对城市经济运行、供水供电等市政设施的全面监督覆盖。B. 结合环卫管理信息化比例指标，运用 GPS、GIS、RFID 以及数据挖掘等信息化手段和移动通信技

术处理、分析和管理环卫元素；利用作业状态形式记录仪及配套软件系统，实现对作业车辆和区域的监督监管，并自动生成综合考评。④确定项目抓手，明确相关部门职责（表4-17）。

广阳岛生态城智慧管网系统工程　　表4-17

落实与执行部门	部门职责
规划建设管理部门	执行、汇总： 综合监管管线规划设计方案和管网大数据信息系统的落地实施
生态环保部门、规划建设管理部门	协调： 协调规划建设管理部门、生态环保部门的工作内容，合理落实市政管网建设工作
生态城建设指挥部门	评估、奖惩： 指标评估，复查规划设计方案和建设效果，设置奖惩管理规定，确保项目落地执行
执行委员会、第三方研究机构	反馈： 评价指标效果，动态更新指标体系

（9）广阳岛生态城智慧管网系统工程

①项目实施内容是在广阳岛生态城范围内布设管道监测传感设备，通过智能传感器、实时监测、自动控制等物联网技术，构建管线精确定位管理系统、管线状态监测预警系统、管线网格化管理系统、管线事故应急处置系统、管线智能规划审批系统和管线信息资源共享平台。②此项工程的核心目标是加快发展市政基础设施建设，提升居民生活品质；保证生态城管网设施安全运行，提升城市运作效率。③与指标体系结合的具体工作主要是：A.结合搭建城市大数据运营管理平台指标，编制《生态城智慧管网系统总体建设方案》，建成以云计算为基础、管线数据为核心、行业用户为节点的综合地理信息管理系统。B.结合市政管网信息化采集覆盖率指标，建设管网云平台系统、管线数据管理及应用服务系统、管网动态信息监控网络系统，实现生态城地下管网数据的一体化监测管理和监控预警和突发事故应急管理，市政管网信息化采集覆盖率达90%以上。C.结合管网漏损控制率指标，合理布局，确保市政管网用地100%得到保障；保障市政管网全覆盖，施工质量100%达到国家及生态城标准。④确定项目抓手，明确相关部门职责（表4-18）。

广阳岛生态城智慧管网系统工程项目抓手　　表 4-18

落实与执行部门	部门职责
规划建设管理部门	执行、汇总： 综合监管管线规划设计方案和管网大数据信息系统的落地实施
生态环保部门、规划建设管理部门	协调： 协调规划建设管理部门、生态环保部门的工作内容，合理落实市政管网建设工作
生态城建设指挥部门	评估、奖惩： 指标评估，复查规划设计方案和建设效果，设置奖惩管理规定，确保项目落地执行
执行委员会、第三方研究机构	反馈： 评价指标效果，动态更新指标体系

（10）茶园新区城市污水处理厂三期扩建工程项目

①项目实施内容是建设规模为 5 万立方米 / 天，包括新修厂外截污干管 2.2 公里，服务总面积约 73.72 平方千米。包括茶园组团 A-K 标准分区、广阳岛以及鹿角分水岭以北区域。②此项工程的核心目标是建设专业化、规范化和规模化的建设和管理体系，推进污水处理市政设施智慧建设，提高安全运行管理水平；构建污水处理多级安全保障，做到全收集、全处理、全达标排放。③与指标体系结合的具体工作主要是：A. 结合雨水净化处理率指标，实现雨污分流，强化常规工艺和采用深度处理工艺达到生态城雨水 100% 净化处理；B. 结合污水集中处理率指标，保证污水收集管网范围内的工业污水入网率达到 100%，生活污水处理率达到 85% 以上；C. 结合污水处理稳定达标保障率指标，调查评估污水来源，明确污水纳管标准，确保污水 100% 达标排放；D. 结合市政管网信息化采集覆盖率指标，开展污水管网分区计量管理，设置水质水量在线监测，加强污水应急处理能力。④确定项目抓手，明确相关部门职责（表 4-19）。

茶园新区城市污水处理厂三期扩建工程项目抓手　表 4-19

落实与执行部门	部门职责
规划建设管理部门	执行、汇总： 考核污水管网规划设计方案、监督工程建设施工过程，并收集污水处理及管网漏损等信息

续表

落实与执行部门	部门职责
生态城建设指挥部门	协调： 协调规划建设管理部门与市政部门、管网设计和施工单位，确保项目顺利进行
生态城建设指挥部门	评估、奖惩： 对指标进行阶段性考核评估，明确奖惩措施，确保党政同责，责任到人
执行委员会、智库研究机构	反馈： 评价指标效果，动态更新指标体系

（11）重庆生态城垃圾收运体系建设项目

①项目实施内容是迎龙片区环卫设施设备专项维保场地，占地面积约 1.1 万平方米，转运量为每日 400 吨；通江大道西侧垃圾转运站占地面积约 1000 平方米，设计转运量为每日 150 吨；新建 20 座公共厕所，并兼顾垃圾收运功能，每座占地面积约 200 平方米。②此项工程的核心目标是推动“无废城市”试点建设，为建设资源节约型、环境友好型社会提供示范。打造成“无废城市”交流展示窗口，营造“无废社会”创建氛围。③与指标体系结合的具体工作主要是：A. 结合生活垃圾无害化处理率指标，以垃圾与工程废土按 1∶1 配合后作为堆山土源，对于渗滤液和发酵产生的沼气和山坡的稳定性采取净化技术；采用垃圾转化能源系统，将湿度达 7% 的垃圾变成干燥的固体进行焚烧，焚烧效率达 95% 以上。B. 结合生活垃圾分类收集率指标，将生活垃圾按不同处理与处置手段的要求分成若干种类进行收集，分类收集后采取适宜方式将各种不同类的生活垃圾进行回收或处置；各责任单位要配备专职垃圾分类收集运输人员，按照要求进行分类运输。对分类收集容器内的各类垃圾在清运时再次按要求进行分类，再分类过程中严格做到垃圾不落地，污水不外溢。④确定项目抓手，明确相关部门职责（表 4-20）。

重庆生态城垃圾收运体系建设项目抓手　　表 4-20

落实与执行部门	部门职责
生态环保部门、规划建设管理部门	执行、汇总： 考核垃圾收运体系设计方案、监督施工过程，获取指标评价数据，并汇总上报

续表

落实与执行部门	部门职责
生态城建设指挥部门	协调： 协调规划建设管理部门与设计单位、施工单位，保障具体指导措施落地
生态城建设指挥部门	评估、奖惩： 指标评估，根据指标评估结果考核责任单位
执行委员会、智库研究机构	反馈： 评价指标效果，动态更新指标体系

（12）长江风景眼综合体

①项目位于牛头山东侧（迎龙小院、马颈村、牛头溪范围）其他商服用地地块，占地面积约 215 亩（约 14.34 公顷），容积率不超过 0.5，总建筑面积约 7 万平方米。具体设计方案通过国际方案征集确定。集未来智慧生态城市展示、未来科技建筑、总部基地配套服务功能于一身。②此项工程的核心目标是提升土地集约性，高效宜居可持续发展；拉动周边地区地带繁荣，带动区域经济发展；完善城市功能，地上和地下空间的综合利用；提升城市管理水平。③与指标体系结合的具体工作主要是：A. 结合绿色建筑比例（达到居住建筑国标一星、公共建筑国标二星、工业建筑国标一星）指标，设置能耗分项计量设施和能耗检测系统；设置用水计量水表并将数据输入 BMS 进行监控；在保证高性能的前提下，使用废弃物作为原料生产的建筑材料，其用量占同类建筑材料的比例不低于 30%；建筑智能化系统定位合理，采用技术先进、实用、可靠，达到安全防范。B. 结合土地利用强度指标，地上地下一体化建构，各功能空间之间可以进行时间维度的拓展，通过时间耦合，形成时间维度上各功能之间的紧密联系。④确定项目抓手，明确相关部门职责（表 4-21）。

长江风景眼综合体项目抓手　　表 4-21

落实与执行部门	部门职责
规划建设管理部门	执行、汇总： 考核综合体设计方案、监督施工过程，获取指标评价数据，并汇总上报
生态城建设指挥部门	协调： 协调规划建设管理部门与设计单位、施工单位，保障具体指导措施落地

续表

落实与执行部门	部门职责
生态城建设指挥部门	评估、奖惩： 对指标进行阶段性考核评估，明确奖惩措施，确保党政同责，责任到人
执行委员会、智库研究机构	反馈： 评价指标效果，动态更新指标体系

（13）轨道交通 24 号线 TOD 核心站点建设

①项目主要是迎龙医药城 TOD 建设（新建、改建），朝天门国际商贸城 TOD 建设（改建），广阳湾回龙桥生态商业综合体 TOD 建设（新建）。②此项工程的核心目标是提升线网可达性，构建多制式轨道交通网络化运营体系，优化乘客出行体验，树立轨道交通行业标杆。③与指标体系结合的具体工作主要是：A. 结合绿色出行所占比例指标，TOD 轨道交通沿线 500 米范围公交站点覆盖率达到 60%，800 米范围覆盖率达到 100%；在生态城边缘枢纽处实现对来访客机动车的有效拦截；建立以 TOD 为交通骨干，以公交汽车为基础的公交体系；轨道交通附近 500～800 米公交枢纽系统覆盖率 100%。B. 结合内部轨道交通和公共交通出行比例指标，轨道交通方式占公共交通方式的比例 60%；轨道交通线网负荷强度为 3.5 万人次 /（平方公里·日），人口出行强度为 2.3 次 / 人·日。④确定项目抓手，明确相关部门职责（表 4-22）。

轨道交通 24 号线 TOD 核心站点建设项目抓手　表 4-22

落实与执行部门	部门职责
生态环保部门、规划建设管理部门、经济发展部门	执行、汇总： 考核 TOD 建设计方案、监督施工过程，获取指标评价数据，并汇总上报
生态城建设指挥部门	协调： 协调规划建设管理部门与设计单位、施工单位，保障具体指导措施落地
生态城建设指挥部门	评估、奖惩： 对指标进行阶段性考核评估，明确奖惩措施，确保党政同责，责任到人
执行委员会、智库研究机构	反馈： 评价指标效果，动态更新指标体系

（14）教育、医疗公共设施配套建设

①项目的实施内容是广阳湾一、二期公共设施项目（中小学、社区医院），通江新城公共设施项目（中小学、社区医院），迎龙片区公共设施项目（中小学、社区医院），国际康养医院（高端医疗配套），国际学校（高端教育配套），东港新城公共设施项目（中小学、社区医院）。②此项工程的核心目标是满足城市居民对教育、医疗公共服务和配套设施的要求，进一步优化社会的供给以满足人民的需要；缓解城市人口增加给公共服务和配套设施带来的压力。③与指标体系结合的具体工作主要是：A. 结合社会保险覆盖率指标，完善生态城医疗公共设施配套建设，缓解医疗服务压力，开展全民参保计划，社会保险覆盖率达到 100%；B. 结合搭建城市大数据运营管理平台指标，加快城市医疗、教育设施领域的大数据网络工程建设，提高生态城公共服务设施运行效率和响应速度，缩短城市居民等待服务的时间；C. 结合 15 分钟社区生活圈覆盖率指标，实现 15 分钟社区生活圈覆盖率达 100%，社区医院和学校步行 15 分钟 100% 可达；D. 结合绿色建筑比例指标，采用节能器具，建筑节能设计达到节能 70% 以上，太阳能等可再生能源占建筑总能耗的比例大于 10%；施工现场 500 公里以内生产的建筑材料总重量达到 70% 以上。④确定项目抓手，明确相关部门职责（表 4-23）。

教育、医疗公共设施配套建设项目抓手　　表 4-23

落实与执行部门	部门职责
生态环保部门、规划建设管理部门、经济发展部门、人力社保部门、教育部门	执行、汇总： 获取城市建设、居民就医、教育数据资源，汇总上报
生态城建设指挥部门、经济发展部门	协调： 协调规划建设管理部门、经济发展部门落实建设规模，把控投资企业引入标准
生态城建设指挥部门	评估、奖惩： 指标评估，复查建设效果，设置奖惩管理规定，确保项目落地执行
执行委员会、智库研究机构	反馈： 评价指标效果，动态更新指标体系

（15）绿色产业园景观提升文旅打造转型升级

①项目的实施内容是在指标体系的引导下，对工业用地内行业和项目进行严格控制，绿色高新技术、生态环保认证、市场手段，实现示范区产业更新，价值提升。同完善园区工业旅游接待能力，打造绿色产业园风貌区，创建产城景合一的3A级旅游景区。②此项工程的核心目标是凝聚高水平人才，形成与产业清单相匹配的人才合理配比；兼顾“两山论”，绿色产业升级，提高产业经济价值；配合国开行、广阳岛生态城二期项目包装；促进集体资产的保值升值，完善周边公共配套、提升城市环境品质，通过腾笼换鸟完成凤凰涅槃，打造工改工典型示范基地。③与指标体系结合的具体工作主要是：A. 结合单位GDP碳排放强度指标，改善生态城的常驻企业的加工工艺，降低能耗至国内同类企业的50%～65%；降低企业生产产品过程的参排放标准至国内同类企业的30%～50%；B. 结合每万劳动力中R&D科学家和工程师全时当量指标，编制《重庆广阳岛生态城产业促进办法》，设置专业人才引进标准和计划；生态城研发相关经济活动至少每半年一次，全国性相关经济活动每两年举办一次。C. 结合万元工业增加值碳排放量消减率指标，制定企业投资工业项目“标准地”有关项目竣工验收和达产复核具体办法，按约定条件对标验收，未通过项目由相关主管部门责令限期整改，整改后未达标的不予通过，并按相关法律法规和约定承担相应违约责任。D. 结合有机转化率指标，工业建筑节能设计达到节能40%（公建达到50%）的要求；垃圾与工程废土按1∶1配合后作为堆山土源，对于渗滤液和发酵产生的沼气和山坡的稳定性采取净化技术；生态城绿色建筑总体使用能耗达到比基准建筑节能15%～20%。E. 结合既有建筑改造再利用比例指标，应用高新节能技术及产品，对各个能耗系统的勘察诊断和优化设计使用可再生能源等途径提高建筑的能源使用率；在不降低居住舒适度的前提下，降低能源消耗。F. 结合工业用地增加值指标，与入驻企业签订承诺书，控制企业的固定资产投资强度到350万元/亩以上，亩均税收达到20万元/亩以上。④确定项目抓手，明确相关部门职责（表4-24）。

绿色产业园景观提升文旅打造转型升级项目抓手　表 4-24

落实与执行部门	部门职责
生态环保部门、规划建设管理部门、经济发展部门	执行、汇总： 获取城市建设、企业生产、居民生活方面的能源消耗数据，以及年 GDP 数据，并汇总上报
生态城建设指挥部门	协调： 协调各执行部门，抽查数据准确性
生态城建设指挥部门	评估、奖惩： 指标评估，根据指标评估结果考核责任单位和相关企业
执行委员会、智库研究机构	反馈： 评价指标效果，动态更新指标体系

本章参考文献

[1] 田冼．循环经济理念在生态城市建设中的应用研究——以中新天津生态城为例 [D]．天津：南开大学，2009.

[2] 马晓虹，吕红亮，苗楠，王鹏苏，沈旭．生态城市指标体系的优化升级与动态更新——以中新天津生态城指标体系 2.0 版为例 [J]．规划师，2019，35（11）：57-62.

[3] 林澎，田欣欣．曹妃甸生态城指标体系制定、深化与实践经验 [J]．北京规划建设，2011（05）：46-49.

[4] 马阿滨．黑龙江森工林区可持续发展综合评价指标体系研究 [D]．北京：北京林业大学，2006.

[5] 刘伍洋，杨培峰．存量时代城市更新的转型与思考 [A]// 中国城市规划学会、东莞市人民政府．持续发展 理性规划——2017 中国城市规划年会论文集（02 城市更新）[C]．中国城市规划学会、东莞市人民政府：中国城市规划学会，2017：8.

[6] 程望杰，宋洁．新时代背景下的生态城指标体系转型与实践 [A]// 中国城市规划学会、杭州市人民政府．共享与品质——2018 中国城市规划年会论文集（08 城市生态规划）[C]．中国城市规划学会，杭州市人民政府：中国城市规划学会，2018：12.

[7] 李鑫．低碳空间规划指标体系的实施性探索 [D]．广州：华南理工大学，2014.

[8] 马伯．雨洪韧性视角下海绵城市建设控制指标的多层级分解研究 [D]．长沙：湖南大学，2019.

[9] 黄承梁．习近平新时代生态文明建设思想的核心价值 [EB/OL]．[2018-02-23] 中国共产党新闻网，http://theory.people.com.cn/n1/2018/0223/c40531-29830760.html.

[10] 王景通，林建华．“金山银山”与“绿水青山”关系的逻辑理路 [J]．学习与探索，2019，000（006）：28-32.
[11] 卢国琪．“两山”理论的本质：什么是绿色发展，怎样实现绿色发展 [J]．观察与思考，2017，000（010）：80-87.
[12] 赵晓宇，李超．“生态银行”的国际经验与启示 [J]．国土资源情报，2020（04）：24-28.

第 5 章

一产业：生态城“两山”理论实践转化的模式探索

5.1 产业生态化转化路径

生态文明建设的时代要求下，环保监管趋严，环境标准趋严，产业淘汰加速，这些发展势头使得我国传统工业企业面临巨大压力，因此探索绿色转型的路径与方法迫在眉睫[1]。习近平总书记强调加快构建生态文明五大体系，其中就包含以产业生态化和生态产业化为主体的生态经济体系。其中，产业生态化转型要历经污染末端治理、达标排放、清洁生产及循环经济与产业共生，对原有行业兼并重组，并促进新兴绿色创新产业培育与发展[2]。重庆广阳岛生态城综合政策考评和生态环境“资源利用上限、环境质量底线和生态保护红线”三线控制，对生态城现有产业和工艺升级等提出了具体要求。在产业生态学理论指导下，结合生态城产业现状，对生态城区域传统产业进行生态化改造，达到减少废物排放、消除生态环境破坏的目的，其本质是把产业发展与生态环境保护结合起来，解决产业发展与生态环境之间的矛盾。

产业生态化转型以生态优先来规划、指导产业发展，统筹规划绿色产业链，实现绿色发展[3]。首先要求生态城中现有产业结构的生态化转型，对传统产业进行生态化改造，借助于区域的资源优势，在现有产业中导入生态环境要素，发展区域特色产业，关注现有产业和接续产业之间的衔接和协调，大力发展战略性新兴产业，推动生态城经济的绿色转型，这也是重庆广阳岛生态城经济增长方式转变，实践转化金山银山的重要内容。

5.1.1 产业生态化的相关研究

产业生态化是将循环经济理念应用于产业发展之中，是基于经济产业和自然生态环境融合协调的系统分析。20 世纪 60 年代，由于环境恶化、产业发展难以为继，麻省理工教授杰伊·弗雷斯特首先提出了将城市的经济产业与生态环境系统相结合的发展理念，多内拉进一步丰富了这一思想[4]。1988 年罗伯特·艾尔斯提出了“产业代谢（Industrial Metabolism）”的概念，是指企业使用的原材料和能源通过产业生产系统的物质流转化最终作为废物退出系统的过程，并且经济活动始终处于自然生态环境系统之中，通过物质流分析将生产过程中产生的污染识别出来，进而评估产业代谢对环境的影响[5]。1989 年，罗伯特・弗罗西和尼古拉斯・盖洛普洛斯在《制造业战略（Strategies for Manufacturing）》中提出了“产业生态系统（Industrial Ecosystems）”的概念，强调了产业发展和自然生态紧密相关，一家企业的废弃物可能是另一家企业的生产资源，一体化的产业系统不会给自然生态系统带来不利影响[6]。

20 世纪 90 年代以来，产业生态化的研究内容逐渐扩展起来，从产业布局到企业清洁生产等，研究的方法也逐渐丰富起来，如环境分析、生命周期分析、环境会计等，讨论的内容也逐渐扩展到产业生态与经济、法律和公共政策等方面。美国国家科学院提出产业生态化是“对各种产业活动及其产品与环境之间的相互关系”的研究[7]；索可洛认为，产业生态化是产业与自然相互关系以及单个产业与自然环境关系的总和[8]；格雷格瑞德和阿尔勒诺比将产业生态化定义为在产业系统与环境系统协调统一的前提下，从资源、能源、资本对原材料、生产过程、最终产品以及废弃物等的处理优化[9]；IEEE 指出产业生态是以多学科综合的方法对产业和经济系统及其与基本的自然系统间相互关系的跨学科研究[10]；格雷德和艾伦比・阿尔勒进一步完善了产业生态化的概念，认为应协调地看待产业系统与周围环境的关系，对物质全生命周期进行优化[11]。

在我国，1994 年刘则源将产业生态化定义为产业活动纳入到生态系统中，实现城市大生态系统良性循环与可持续发展，其目标就是达到人—社会—自然三者之间协调持续发展[12]；黄志斌等人认为产业生态化是指产业依据自然生态的有机循环理论，企业按照物质循环、生物和产业共生原理对产业生态系统进行优化，从而建立高效、低耗、低污染、经济与环境相协调的产业生态体系过程[13]；陈柳钦认为产业生态化是产业在自然系统承载能力内，对特定地域空间内产业系统、自然系统与社会系统之间进行耦合优化，达到充分利用资源，消除环境破坏，协调自然、社会与经济的持续发展[14]；吴巨培和彭福扬认为产业生态化是以生态化理念实现产业的发展，使产业资源优化配置、产业结构合理构建、产业组织关联共生、产业生产低碳循环，以实现产业健康、协调、可持续发展的过程[15]。

5.1.2 产业生态化实践中的痛点

产业生态化发展进程受制约的根本性原因在于产业系统与生态系统以不同的系统发展原理运作而导致的结果，因此必须通过导入新的组织形式、调整政策来恢复和保持各种形式的社会、经济和生态的调节能力。而在这两大系统协同耦合的过程中受到诸多限制，具体体现在：市场条件下，真正落实产业生态化的企业成本提高，致使企业竞争力缺失；科学基础缺失、多样化现实导致地方产业生态化操作中往往“一刀切”；传统产业生态化会增加企业成本，企业多样化需求无法满足。

（1）企业成本提高，市场竞争力缺失

对于自身有生态产品技术的企业，在具体落实产业生态化的过程中受市场影响，按照生态运行方式和生态标准建立工业和生活废弃物的回收、处理与资源化系统，但往往存在投资规模大、回收期长、高贴现、低资源增长等问题[16]；另外企业绩效受区域发展基础、资源条件、技术水平、投资规模、产业的多样性和社会资本等因素的影响，企业相互依赖性很强，各方为共生体系进行大量专用性投资[17]，如果某个企业外部市场发生急剧变动，可能会采取不利于共生体系的投资行为，这对其他企业来说，面临的风险是巨大的，仅仅依靠市场资源的配置，投资者的收益难以保障。这限制了企业真正落实生态产业化进入生态领域，束缚了产业生态化的进一步演进。

（2）生态技术瓶颈导致产业生态化“一刀切”

产业升级转型的重中之重无疑是技术与合理的结构分配[18]，实现有效的产业升级转型，资本是一个重要因素，但是没有先进的技术支撑，产业升级只能实现浅层“一刀切”式的集约转型实践模式，并没有实现产业生态化的彻底转型。产业升级转型必须动员各方面的力量，针对企业的多样化现实，对症下药，落实产业生态化发展，力求实现技术、制度瓶颈的双重突破[19]。坚持从实际出发，因地制宜地促进生态与产业融合。

（3）传统产业转型导致企业成本增加

资源的有限与稀缺，使企业的产品资源、劳动力等要素价格飞涨，提高了企业总成本，使传统企业丧失了价格优势，企业的低成本地位岌岌可危，最终影响了企业利润最大化目标的实现[20]。如何解决企业增长与资源利用、环境保护、生态平衡之间的矛盾，稳住企业的低成本地位，获得多样化发展的持续竞争优势，这成为摆在企业面前的一大难题。

5.1.3 产业生态化转化方法论

产业生态化发展是传统产业面临日益严峻的资源环境压力问题的组织新模式，是生态学中的共生理论在产业发展领域的重要应用[21]。随着人类关爱生命和保护环境的意识越来越强，经济发展能否为公众接受和认可不再仅仅局限于是否给人们带来物质财富，而是涵盖了对一切生命体的关爱和尊重[22]。工业经济时代下的以破坏资源环境和有损人类身心健康为代价的发展方式已经逐渐被摒弃，强调人与自然和谐相处的可持续发展正在成为普世的价值观。通过综合运用生态、经济规律和系统工程的方法来经营和管理产业，使产业活动和谐地纳入自然生态大系统，并在其中实现产业系统改进，实现经济效益、社会效益和生态效益“三赢”的产业生态化。如今，产业生态化不仅贯穿于国家宏观层次的产业发展战略，而且正高速向发展地方政府的产业政策和公众层面辐射，日益影响着产业与经济发展。

产业生态化的核心方法论在于建立一个结构合理、层次多样、功能完善、能够促进物质和能量在自然—社会—经济三大系统内高效运用和循环的产业生态系统[23]，是立足于产业融合发展，仿照自然生态有机循环机理在企业之间构建起紧密联系、相互作用的良好生态系统，实现企业整合效益的最大化，进而实现整个生态城生态效益和经济效益、社会效益的高度统一。这种高度统一基于人类经济活动对自然生态环境的高度尊重和对活动对象的高度了解，源自各项活动的“精密”“精准”的分工与功能协同，从而使得物质和能量在自然生态系统大循环中得到高效利用。

5.1.3.1 传统产业生态化改造

按照生态高效的要求对传统产业的发展进行重新设计和定位，鼓励企业按照“绿色、循环、低碳”要求，积极采用绿色生态技术，实现企业低能耗、低排放、高效率的良性发展循环经济模式，特别是加大对污染严重、与生态环境冲突激烈的企业监管力度，督促其尽快实现低碳化、技术化改造。此外，为提高企业整改动力，可以引入绿色标识体系[24]，通过对传统产业的生态认证，明确传统产业企业绿色标识，为传统产业企业赋能。从企业的绿色发展战略、绿色管理水平、绿色生产方式三方面进行量化和报告，帮助企业了解在经济、环境、社会三方面的绩效表现，进一步找到改进和提升的方案；引导投资界不只关注目标企业的财务回报，更要注重企业经营行为、产品和服务对环境、对社会产生的积极影响。

搭建数字生态城，传统企业的能耗数据365天24小时随时可追溯，形成一个以区块链技术保证企业充分信用评级的绿色标识认证（重庆生态城绿标），保证生产环境与生态产品的生产过程绿色化。制定了重庆广阳岛生态城入驻企业评价标准，不符合生态城标准的产业是以市场的方式自然淘汰，凭借客观市场化淘汰机制促使生态城腾笼换鸟、产业升级的实现。

5.1.3.2 绿色循环系统打造

绿色循环系统的一个重要载体是生态产业园，即在一定区域内建立的若干行业、企业与当地自然和社会生态系统构成的社会-经济-自然复合生态系统，具有多样化的产业结构和柔性的自适应功能，企业、社区和园区环境之间通过资源交换和再循环网络，实现物质最大化利用，达到一种比各企业效益之和更大的整合效益。生态产业园的核心是形成“生产者—消费者—还原者”的产业生态链，在一个生产过程的废物可以作为另一个生产过程的原料，通过物质流、能量流和信息流建立起相互依存的密切关系，各个生产过程从原料、中间产物、废物到产品的物质循环达到资源、能源、投资的最优化。

除了搭建以生态园区为载体的生态循环经济体系之外，也可以通过建立现代产业集群，以“集聚产业、专业分工、区域配套、循环利用、留有余地”为指导原则，构建集群生态化产业链，不仅沿袭产业集群物流成本低、能耗低、交流通畅、促进创新等优势，更着力全面统筹、科学地构建和完善配套产业链，目光从采购、生产、销售环节向前延伸到个体企业功能设计对区域产业链的影响及共享，把投资和启动成本控制到最低；向后延伸到生产对环境和生活的影响，关注生产废弃物排放及产品弃置去向和成本，通过技术创新、管理创新等手段有意识地引导和促进生产要素在产业链的各个环节循环利用，将废弃物减少到最低，最

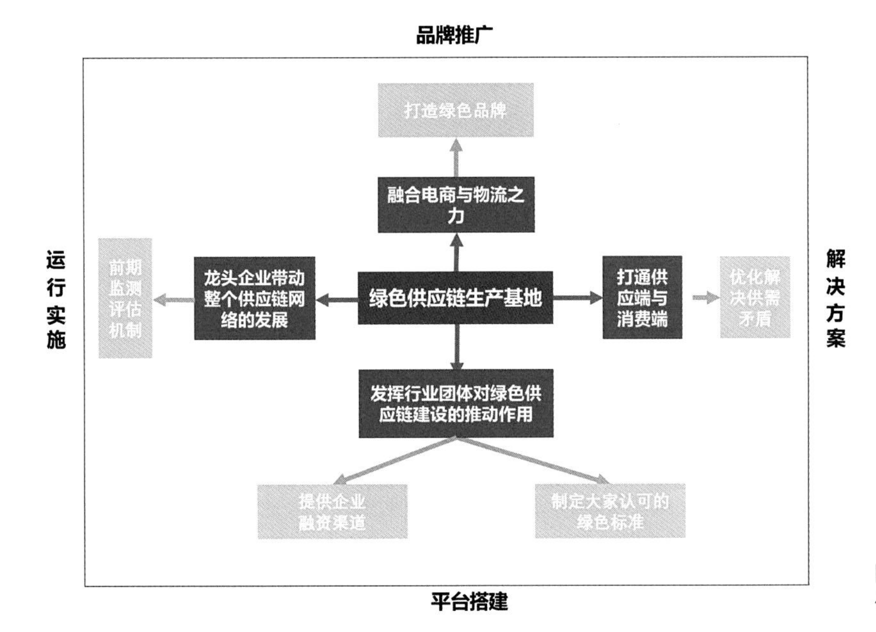

图 5-1　绿色供应链体系结构

终形成资源节约型和环境友好型的生态化产业集群，在区域内形成绿色供应链体系（图 5-1）。

5.1.3.3 产业结构生态化

产业结构生态化调整的主要路径在于培育发展资源利用率高、能耗低、排放少、生态效益好的新兴产业，构建高效生态产业体系[25]。基于产业与资源环境之间的共生互补原理，运用生态学原理和系统科学方法，利用自然界物质循环系统，通过采取相应的技术和管理措施，建立起来的生态合理、经济高效、持续发展的现代产业体系，包括高效生态农业、环境友好型工业、现代服务业三部分。其中高效生态农业是基础，环境友好型工业是重点，现代服务业是支撑，三大产业相互融合、相互促进，共同构成统一的高效生态产业体系。

构建高效生态产业体系，首先在产业结构调整的过程中要转变发展思路，彻底转变传统以 GDP 为主的旧观念，树立生态优先的产业发展理念。在产业发展中充分考虑资源和环境的承载能力，把促进人与自然的融合发展作为根本目标，实现经济效益、社会效益和生态效益和谐统一。另外，按照生态优先的原则对重庆广阳岛生态城内三大产业的比例关系进行优化，促进三大产业协调发展。具体包括三个方面：一是以发展生态农林业为基本导向，优化农林业结构，延长农林业产业链，稳定农林业在整个结构中的比例关系；二是利用绿色生态技术调整第二产业技术结构，加快污染产业改造，发展高新技术及环保产业，加速向知识技术密集型结构的转变，并适当降低第二产业比重；三是积极发展现代生态服务业，提高第三产业所占比重，使第三产业成为高效生态经济发展新的增长点。最后，大力发展新兴生态产业，通过重庆广阳岛生态城产业结构生态化发展，实现区域绿色市场和新兴生态产业得到跨越发展，使生态产业成为区域经济发展的战略产业和新的增长点。

5.1.4 产业选择及行动计划

5.1.4.1 构建城市主导产业、产业生态圈和产业功能区三级协同体系

做好重庆广阳岛生态城产业体系的顶层设计。首先，需要站在国际视角下，根据重庆广阳岛地区产业发展基础和发展目标，充分考虑国家产业引导方向、市场需求、区域协同发展战略和其他同类型生态城示范区的产业选择对比，确定城市现代化产业体系的基本构成和主导核心产业。其次，以确定的主导产业和全球竞争发展趋势规划设计生态圈网络体系，进一步明确每个生态圈的产业细分。最后，根据产业生态圈布局生态城内产业功能区平台，并确定招商引资目标，全面形成推动产业功能区高质量发展的指标体系、政策体系、统计体系及考核体系，理顺生态城招商引资体制机制。

5.1.4.2 推行清洁生产和绿色制造

清洁生产对产业实现生态化转型发展起着至关重要的促进作用。2002 年我国制定出台的《中华人民共和国清洁生产促进法》中要求规定的重点企业必须全部通过清洁生产审核，经过多年实践发现企业持续推进清洁生产对于全过程减少污染物产生具有重要作用，清洁生产已成为地区产业生态化、循环化改造等试点项目的关键举措[26]。2015 年出台的《中国制造 2025》强调全面推行绿色发展，强化产品生态设计和全生命周期绿色管理，努力构建高效、清洁、低碳、循环的绿色制造体系[27]。推行清洁生产与绿色制造的目的是实现产业在产品的全生命周期上提高资源能源效率，减少对生态环境的影响与风险。

5.1.4.3 加快实现基础设施绿色转型升级

实现生态城产业园区基础设施共享也是提高资源能源效率的关键措施，主要包括污水集中处理厂、中水回用处理设施以及集中供冷、供热设施、固体废弃物收集和资源化利用处理设施等园区基础设施。通过设置园区管理委员会，推进基础设施的高效、低碳化升级改造，构建基础设施产业共生协作，降低产业园区污染物排放和提高资源能源利用效率。

能源基础设施提高能效、减少二氧化碳等温室气体排放对于园区低碳发展同样具有重大的作用，通过综合实施燃煤锅炉改造为燃气锅炉、垃圾焚烧替代燃煤、抽凝 / 纯凝汽轮机升级为背压汽轮机、大容量燃煤机组替代小容量燃煤机组、天然气联合循环机组替代小容量燃煤机组等措施，产业园区的能源基础设施可实现温室气体减排 8%～16%、节水、减排二氧化硫和氮氧化物各 34%～39%、24%～31% 和 10%～14%，且具有较好的经济效益 [28]；同时，园区基础设施间的共生协作机制，可进一步提高基础设施的能源环境绩效。

5.1.4.4 提升精细化和智慧化管理水平

基于数据驱动，借助物联网和云计算技术手段，将产业园区的环保、安全、能源、应急、物流等日常运行管理的各领域整合起来，通过更加精细化、动态化、可视化的方式提升生态城产业园区管委会管理和决策的能力，从而实现产业的精细化和智慧化管理。同时，开展智慧园区、智慧环保、智慧安监等决策支撑平台建设，以“市场化、专业化、产业化”为导向，引导社会资本积极加入，提升治污效率和专业化水平，搭建起基于现代信息技术的智慧化管理系统。

5.2 生态产业化转化路径

生态产业化是遵循产业和生态规律，依托生态资源优势，按照社会化生产、市场化经营的方式，将生态优势变为经济优势，实现保值增值，让生态资源转变成有价值的生态产品和服务[29]，推动生态要素向生产要素转变，促进生态与经济良性循环发展。其实质是针对独特的资源禀赋和生态环境条件，建立生态建设与经济发展之间的良性循环机制，实现生态资源的保值增值，把绿水青山变成金山银山，对自然资源的利用从强调保护限制转向强调其资产属性和生态价值向经济价值的转化。

从生态资源资产化的视角来看，生态产业化必须处理好自然资源的管控保护和生态资源转化为经济发展的关系。首先，必须强化对自然资源的管控，禁止为追求利益最大化而破坏自然生态环境；其次，要在合适合理的范围内因地制宜地实现自然资源资产化，真正让“绿水青山”变为可计量、可考核、可获得的“金山银山”；同时带动其他产业发展，让优质的生态环境成为有价值的资源，与土地、技术、资本、劳动力等一样，成为支撑高质量发展的生产要素[30]。

5.2.1 生态产业化的相关研究

自然生态系统是产业系统的本源，可依靠生态产业化这一手段实现可持续发展[31]，生态产业化顺应了城市巨系统的社会经济发展规律，是从产业学中发展和抽象出的概念[32]。生态产业化的实质是将生态环境作为生态资本来运营，实现其保值、增值[33]。而要实现这一目标，关键在于将生态服务由无偿享用的资源转变为需付费购买的商品，使生态服务的价值通过市场来实现。1997 年，科斯坦萨等人将全球生态系统服务功能分为 17 类[34]。现代多功能林业理论指出，森林生态系统具有生态服务功能、产品生产功能和社会服务功能，可以实现以生态服务为基础的三大效益一体化综合经营。

5.2.2 生态产业化实践中的痛点

近年来，重庆市在重点领域和重要区域不断加大生态保护补偿力度，初步建立起多元化生态保护补偿机制，生态产业化已经迈出了坚实的一步。然而，在实践中依旧存在保护对象单一、生态文明建设考核目标体系考核上主观性强、考核指标系数不统一及资金来源渠道单一等转化痛点。

（1）保护对象单一

现存的生态保护补偿制度偏重于单一要素补偿和分类补偿，由于这两种补偿方式的生态环境利益相关者明确、补偿目标相对单一，在实践中便于执行实施，但不同环境要素、不同领域之间的生态保护补偿政策未能充分发挥政策的聚焦合力，缺乏整体性和综合性。

（2）生态文明建设考核目标体系在考核内容上主观性强

由于国家层面出台的生态文明建设考核目标体系主观性强，有关生态产业化的指标分配不足，无法体现地区生态资源的差异化，统计收集来的生态文明建设指标的考核数据只能用来上报，并不能用来作为生态资源产业化和交易化的数据支撑，无法实现对生态资源的合理评估。因此，需要因地制宜、分类施策，把资金补偿、产业扶持、精准帮扶、技术援助、人才支持、农户专业教育、就业培训等政策、实物、技术及智力补偿方式结合起来，形成发展生态产业的合力。

（3）缺少资金保障

由于以生态产品生产、生态系统保护和修复工程、生态保护区管护服务等各类生态保护项目存在投入资金大、回报周期长、环境风险高、收益率较等发展劣势，金融机构参与意愿不强，社会资本的进驻显得尤为谨慎。这就要求通过政策支持、技术帮扶等措施，引导银行业金融机构降低准入门槛，简化审批程序，创新绿色信贷产品，扩大信贷规模。同时，鼓励保险机构联合金融机构、非金融机构和公益组织，创新开发环境污染责任保险、森林保险等绿色生态相关险种，建立生态资源强制责任保险制度。最后，创新发展政府和社会资本合作（PPP）模式，吸引符合资质条件的社会资本参与生态城内重大生态系统保护和修复工程等生态产业项目的建设、运营和管理。

5.2.3 生态产业化转化方法论

全国生态环境保护大会提出要加快建立健全以产业生态化和生态产业化为主体的生态经济体系，产业生态化和生态产业化如车之两轮、鸟之两翼，二者不可偏废[35]。作为加快构建生态经济体系的重要内容，培育高质量现代化生态产业体系，就是要遵循生态产业化的发展理念，以供给侧结构性改革为主线，把生态优势转化为发展优势。

生态资源包含着山水林田湖草等自然资源、气候资源和环境资源等，

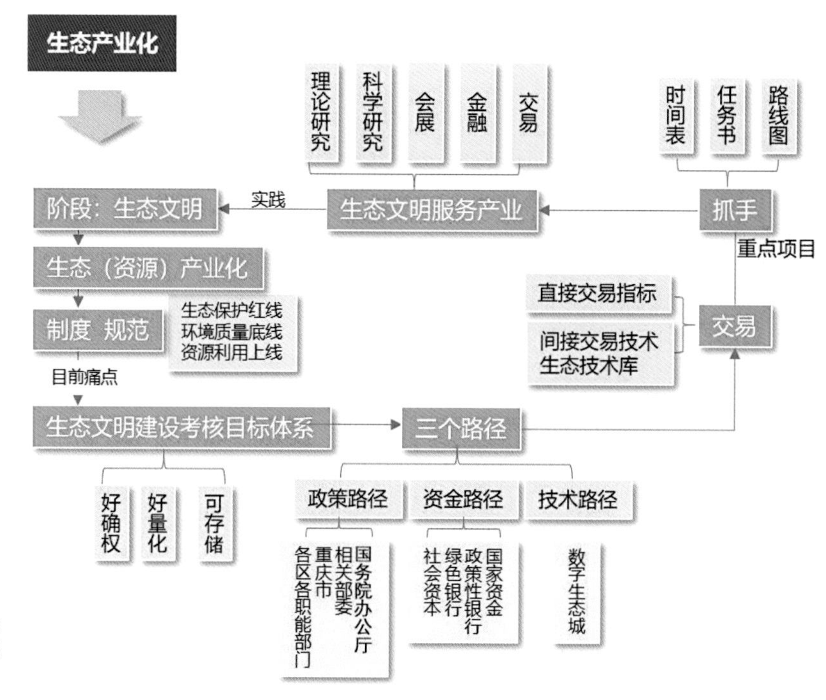

图 5-2 重庆广阳岛生态城生态产业化转化方法论

生态资源产业化，具体来说就是将现有生态资源转化成可增值产品，实现“绿水青山就是金山银山”的价值增值和“区域空间→生态资源→生态产品→生态产业→生态产业系统”的发展（图 5-2）。重庆广阳岛生态城生态资源市场化主要通过三个方面实现：一是保护、开发、治理多措并举；二是要深刻认识发展区域经济基础，深入挖掘发展区域资源优势，确定发展定位，要因地制宜、因势利导选择适宜的发展方式；三是政府、企业、个体三大主体协同推动，保障生态产业化顺利实现。

5.2.3.1 保护、开发、治理多措并举

生态资源既是独立的也是相互关联的，要做到统筹兼顾、整体施策、多措并举。首先，完善重庆广阳岛生态城空间规划体系，形成有序协调的国土开发保护格局，严守生态保护红线，坚持对生态资源进行整体保护、系统修复、区域统筹、综合治理；其次要在保护生态资源的前提下，挖掘生态资源优势，协同推进经济高质量发展和生态环境高水平保护，协同发挥政府主导作用和企业主体作用，引导开发和培育生态城特色生态产业；最后在开发和培育生态产业过程中，倡导清洁开发、及时治污、简约适度、绿色低碳的生产和生活方式，反对过度开发、先污

染后治理、铺张浪费的生产和消费方式。

5.2.3.2 因地制宜确定生态产业化发展方式

生态产业化的发展，首先要深刻认识发展区域经济基础，深入挖掘发展区域资源优势，依托资源优势因地制宜、因势利导选择适宜开发的生态产业；其次要在开发资源优势产业的同时，将山水林田湖草资源及地方风俗、民俗文化结合，寻找生态资源和文化资源的结合点，打造“自然—人文”特色产业，立足当前已有产业基础，推动生态资源优势、地方文化特色、现有产业的融合发展，开发多元化产业。

5.2.3.3 政府、企业、个体三大主体协同保障生态产业化实现

生态产业化是以现有生态资源（自然资源、气候资源、环境资源等）和人文资源为基础，将资源优势转化为经济优势[36]。考虑到生态资源增值通常伴随着规模报酬递增，需要“化零为整”，使生态产业经营由分散农户为主向经济实力相对雄厚或抗风险能力相对较强的企业或个体转化，促使生态产业发展壮大。因此，需协调好政府、企业、个体三大主体的关系，政府要发挥好公共部门的引导作用，企业要发挥好其市场主体作用，个体要发挥好其生产作用，共同推进生态资源市场化和实现价值增值。

5.2.4 生态产业化的实现途径

在探索生态产业化的过程中，应依托区域内自身资源禀赋和生态环境特点，通过建立生态建设与经济发展之间良性循环的机制，实现生态资源的保值增值，把绿水青山变成金山银山。

5.2.4.1 政策支持

（1）落实生态产业绩效考核评价制度

要实现现代生态产业的长久发展，可借鉴浙江省推进产业生态化和生态产业化经验，探索创建现代生态产业绩效考核评价制度，考虑把经济—生态生产总值（Gross Economic-Ecological Product，GEEP）作为重庆广阳岛生态城绿色发展的政绩考核标准。经济—生态生产总值（GEEP）基于综合绿色 GDP 和生态系统生产总值，将人类活动经济价

值、生态系统所提供的生态福祉和经济系统的生态环境代价三者进行的综合考量[37]。在政绩考核方面，重庆广阳岛生态城可在在长江流域地区内率先建立地区GEEP统计与核算体系；然后逐步将GEEP理念融入重庆广阳岛生态城的各领域和各发展环节，充分发挥经济—生态生产总值（GEEP）在重庆广阳岛生态城构建全域现代生态产业体系、探索全域绿色发展过程中的“绿色指挥棒”作用。

（2）实施土地承包经营权有偿退出制度

在重庆广阳岛生态城积极实施土地承包经营权有偿退出试点探索，推广“确权确股不确地”改革[38]，对零碎地块进行综合整治，保障现代生态产业发展的土地供应，借助市场化手段提高土地利用率，实现土地利用市场化、规模化和集约化发展。此外，在生态产业利益分配机制上，将土地经营权转变为股份，按股分红，获取租金收益。

5.2.4.2 资金保障

充分发挥市场经济在资源优化配置方面的作用，推动完善绿色金融与生态产业的对接，夯实重庆广阳岛生态城生态产业化的资金保障。主要包括三个方面：首先，要加大重庆广阳岛政府对生态产品和生态服务的倾斜采购力度，并鼓励推动国有企业和国有金融机构的创新发展，积极开发高附加值的绿色产品和绿色金融产品，并为坚持助力绿色生态优先理念的小微企业，为其绿色产品和绿色项目提供针对性政策支持，在绿色信贷和绿色保险方面提供利率优惠和减税政策；其次，构建政府和社会资本合作下的绿色发展基金，引导社会资本向生态产业领域流动转移，形成符合生态城生态资源条件的社会化、市场化、多元化的绿色金融发展模式；最后，可创立生态产业专项扶持基金，加大对生态产品和绿色产品的扶持力度，为实现生态城全域的现代生态产业体系和绿色发展提供充足的资金支持。

5.2.4.3 技术支撑

搭建政产学研用一体化综合协作平台，汇集生态产业化所需的创新人才、生态孵化基地等助力，以多元化、多层次的集群资源保障生态城全域内生态产业化的稳步推进和创新升级。主要包括三个方面：一是要与国内高等院校和科研机构合作，形成一批由高层次专业人才和企业研发中心研发人员组成的创新人才资源队伍，以生态城生态产业化为中心开展创新研究；二是发挥与现代化企业合作，借助企业孵化器和加速器等设施资源载体，促使生态基础产品的转化升级和产业化生产，缩短生产周期、提高转化效率；最后加快形成水平和垂直的现代生态产业链建设，促进生态产品的集约、集聚和集群发展，形成具有生态城特色和国际竞争力的世界级现代生态产业网络化集群[39]。

5.2.5 生态系统生态总值核算方式

5.2.5.1 生态系统生产总值概念界定

生态系统主要包括森林、湿地、草地、荒漠、海洋、农田、城市等 7 个类型，生态系统生产总值（Gross Ecosystem Product，GEP）可以定义为生态系统为人类提供的产品与服务的价值总和，主要指生态系统与生态过程为人类生存、生产与生活所提供的条件与物质资源（表 5-1）。其中，生态系统产品包括可为人类直接利用的食物、水、木材等；生态系统服务包括形成与维持人类赖以生存和发展的条件等，包括调节气候和水文、保持土壤、调蓄洪水、降解污染物、固碳、产氧、有害生物的控制、减轻自然灾害等生态调节功能，以及源于生态系统组分和过程的文学艺术灵感、知识、教育和景观美学等生态文化功能[40]。

广阳岛生态城生态系统产品与服务类型一览表　　表 5-1

类型	具体内容	生态产品与服务
生态系统产品	食物	粮食、蔬菜、水果、肉、蛋、奶、水产品等
	原材料	药材、木材、纤维、淡水、遗传物质等
	能源	生物能、水能、风能、热能等
	其他	花卉、苗木、装饰材料等
生态调节服务	调节功能	涵养水源、调节气候、固碳、氧生产、保持土壤、降解污染物等
	防护功能	调蓄洪水、控制有害生物、预防与减轻风暴灾害等
生态文化服务	景观价值	旅游价值、美学价值等
	文化价值	文化认同、知识、教育、艺术灵感等

生态系统生产总值使用于评价和分析生态系统为人类生存与福祉直接提供的产品和服务的经济价值，即为生态系统产品、生态调节服务和生态文化服务三方面的价值总和。其中，生态系统产品价值反映的是生态系统的直接使用价值，而生态系统的调节服务价值和文化服务价值是生态系统的间接使用价值。但生态系统生产总值进行核算时，不包括有机质生产、营养物质循环和生物多样行维持等生态支持服务功能，这些功能不会为人类生活生产做出直接贡献，其作用已经体现在生态系统的产品和服务之中。

5.2.5.2 生态系统生产总值核算思路

生态系统生产总值核算的思路是源于生态系统服务功能及其生态经济价值评估与国内生产总值核算[40]。生态系统生产总值可以从生态功能量和生态经济价值量两个角度核算：生态功能量可以用粮食产量、水资源供应量等生态产品与调蓄洪水量和污染物净化量等生态服务量表达，但是由于量纲不同导致生态系统产品量和服务量难以加和，因为借助价格将两者转化为货币价格表示产出。

生态系统生产总值核算包括三个部分：一是核算生态系统产品、生态调节功能量和生态文化功能量之和（图 5-4），即核算生态系统产品和服务的功能量；二是确定单位木材价格、水资源量价格、土壤保持量价格等各类生态系统产品和服务功能的价格；三是在生态系统产品与服务功能量核算的基础上，核算生态系统产品与服务总经济价值。可以采用以下计算式测算一个地区或国家的生态系统生产总值，其表达式可以表示为[40]：

生态系统生产总值（GEP）= 生态系统产品价值（EVP）+ 生态系统调节服务价值（ERP）+ 生态文化服务价值（ECP）。

5.3 三座金山银山，企业孵化合作："两山"理论实践落位

"两山"理论在重庆广阳岛生态城中的落位具体可体现在以下三个

项目中：第一是产业生态化示范区建设，位于长江工业园 C 标准分区；第二是生态技术产业孵化区，位于广阳岛生态环保创新区的创新基地范围内；第三是生态文明服务产业实验区，目前无法确定其规模，主要位于迎龙医药城和广阳湾地区。

5.3.1 产业生态化示范区

长江工业园 C 标准分区位于广阳岛生态城内苦竹溪两侧，用地面积为 11.26 公顷，属于工业用地性质（图 5-3）。目前，现有产业在企业类型、用能、工艺和排污处理等方面都存在落后的现象（图 5-4），产业生态化示范区建设对实现原有产业的腾退和更新划定一个标准化市场化的途径，采用能耗在线监测、污水在线监控等技术，对地块全园区进行 365 天在线监控数据采集，将数据同步传送到生态环境局等主管部门及广阳岛生态城城市大脑，实时掌握公布示范区能耗和排污状况，对符合标准后发放绿色工业标识，以市场手段，实现示范区产业更新、工艺提升。在广阳岛生态城指标体系的引导下，对工业用地内行业

图 5-3　C 标准分区区位图

图 5-4 C 标准分区用能和排污现状

和项目进行严格控制，严格控制高污染、高能耗、高水耗项目入驻，对没有规模效益差、能源资源消耗大、环境影响严重的企业，不予准入；对提升清洁生产水平、环保措施，达到污染物排放标准后的企业，限制准入；对达到国内先进生产工艺水平，与生态城主导产业结构相符的企业，准予进驻（表 5-2）。

广阳岛生态城产业生态化示范区行业、项目准入类型　　表 5-2

<table>
<tr><th>行业、项目</th><th>准入类型</th></tr>
<tr><td>煤炭开采和洗选业</td><td rowspan="14">没有规模效益差、能源资源消耗大、环境影响严重的企业，严格控制高污染、高能耗、高水耗项目入驻。不予准入</td></tr>
<tr><td>除地热、矿泉水外的其他采矿业</td></tr>
<tr><td>开采辅助活动</td></tr>
<tr><td>农副食品加工业</td></tr>
<tr><td>食品制造业</td></tr>
<tr><td>酒、饮料和精制茶制造业</td></tr>
<tr><td>化学纤维制造业</td></tr>
<tr><td>橡胶和塑料制品业</td></tr>
<tr><td>烟草制品业</td></tr>
<tr><td>纺织业</td></tr>
<tr><td>造纸和纸制品业</td></tr>
<tr><td>印刷和记录媒介复制业</td></tr>
<tr><td>石油加工、炼焦和核燃料加工业</td></tr>
<tr><td>化学原料和化学制品制造业</td></tr>
</table>

续表

行业、项目	准入类型
通用设备制造业	不涉及含有电镀工艺的表面处理工序的企业，在提升清洁生产水平、环保措施，达到污染物排放标准后，根据经开区产业发展需求，限制准入
电气机械和器材制造业	
计算机、通信和其他电子设备制造业	
仪器仪表制造业	
铁路、船舶、航空航天和其他运输设备制造业	
汽车制造业	
专用设备制造业	
医药制造业	达到国内先进生产工艺水平，与经开区主导产业结构相符，准予进驻
新能源、新材料制造业	
光机电一体化等高新技术制造业	

5.3.2 生态技术库企业孵化区

生态技术产业企业孵化区位于重庆广阳岛生态环保创新区的创新基地范围内，用于充实园区内的产业类型。生态技术产业企业孵化其实是一个全产业链的概念（图 5-5），从上游的设计制造、技术产品到下游的运营和服务都具有在广阳岛生态城落位的条件。广阳岛生态城中的生态技术库产业园区是如何孵化的？通过建立生态技术产业孵化区投资公司来对标国家节能企业，将拥有节能环保技术的企业进行改革，把其性质转变成具有权威性的混改型企业；另外，对关键性的项目进行资金上的支持和帮助，结合多种类型的低成本的银行政策对其进行融资支持，使其在市场上具有竞争力；最后，通过设置股权回购机制，国有资产增值退出，使这部分企业最终成为环境保护高科技企业。

5.3.3 生态文明服务产业试验区

生态文明服务产业可拆解为理论创新、科技研发、工程技术服务、生态资源交易、科技商务会展服务、生态金融服务以及绿色生活方式体

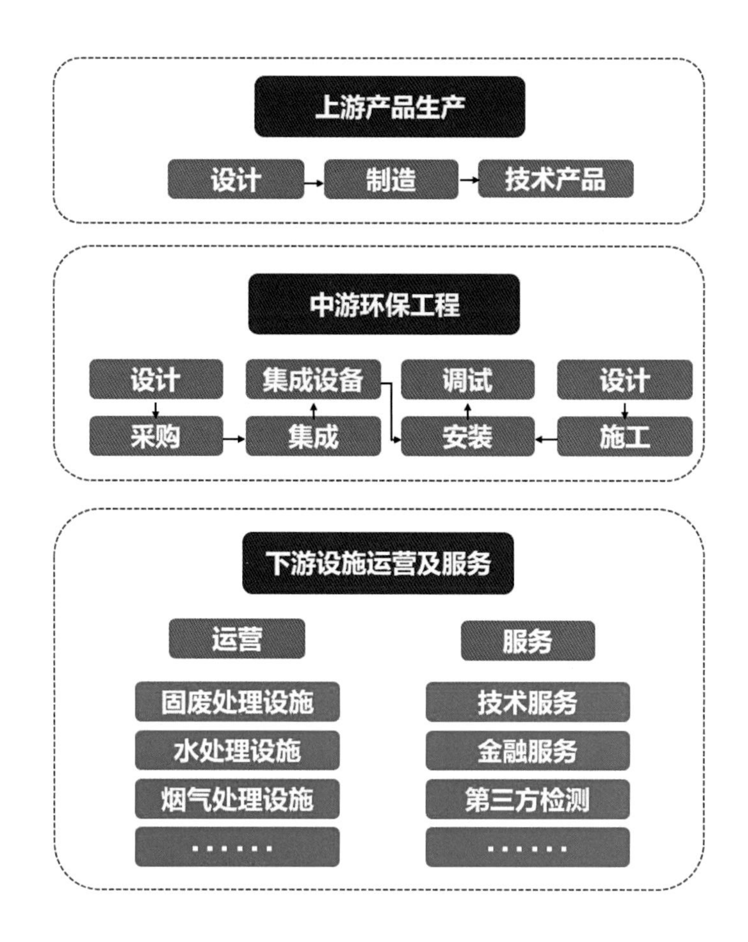

图 5-5　全产业链框架图

验的全产业链条（图 5-6），这些内容与重庆广阳岛生态城的产业方向相符，而且是可以落位执行的。其中，核心的亮点项目可以在生态城建设中期进行展开，例如建立中央党校西部关于两山论的西部学院、论坛研究工作项目等一些非物质的活动，这样重庆广阳岛生态城中期建设就可以孵化成一个新产业。

“两山”理论在以上三个项目的落位，提出了一系列的近期行动计划。在建设思路方面，主要围绕生态产业化发展总体思路，重点发展产业体系中关键项目；在空间落位方面，从广阳岛开发向外延展，优先发展沿江组团；在项目实施方面，优先启动的产业项目，需结合生态城建设，产业发展和基础设施建设、居住开发同时进行，产城开发互相促进。这些工作组织下来就构成了产业规划的空间布局图，总结为“一心两带三区八组团”（图 5-7）：“一心”是广阳湾生态产业总部核心区，是生态服务产业亮点项目的聚集点，同时也是广阳岛生态城已经确定的总部核心区；“两带”是沿江生态产业示范带和明月山生态休闲旅游带；

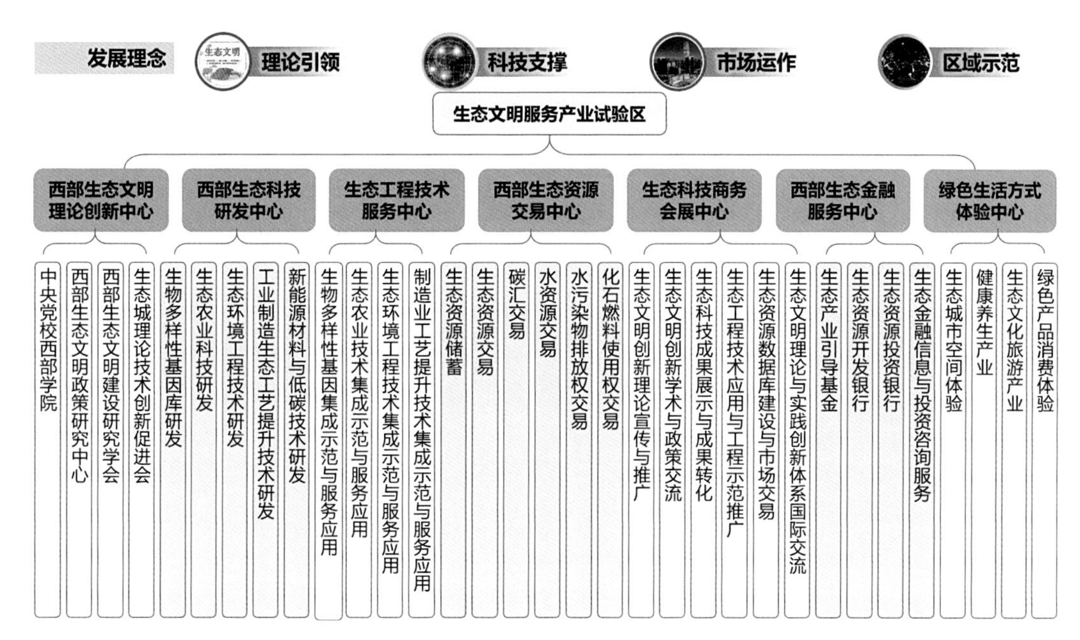

图 5-6　生态文明服务产业试验区亮点项目

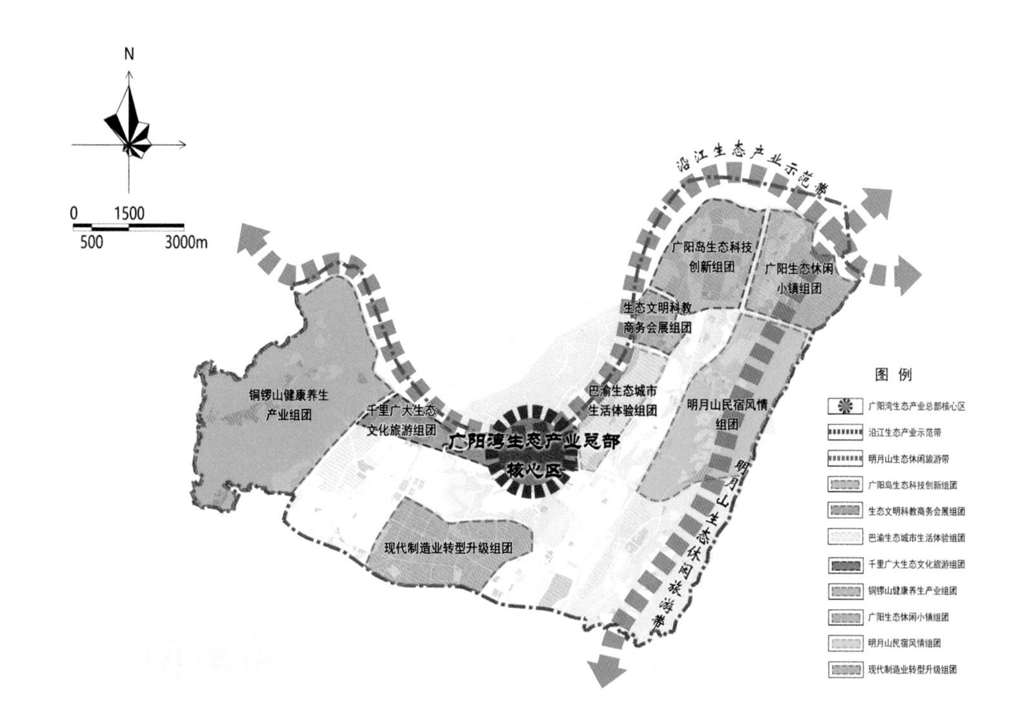

图 5-7　生态城产业规划空间布局图（底图来源：重庆市中心城区地势　审图号：渝 S（2020）015 号　重庆市规划和自然资源局 监制 二〇二〇年六月）

“三区”是三个产业园区；“八组团”是把整个生态产业的前后产业链，包括生态环境体验、文化休闲，智慧城全面功能的一种展示和承载都体现出来了，兼具科技和文化。基于以上分析，凝练成重庆广阳岛生态城近三年的行动计划，作为生态城建设近期工作的抓手（表5-3）。

广阳岛生态城近三年重点项目一览表　表5-3

序号	项目名称		建设性质	建设内容和规模	目标任务	年度目标及时序进度变化			建设主体
						2020年	2021年	2022年	
1	智慧城市建设	数字生态城建设	新建	数据、技术、指标等内容搭建智慧模型系统。在城市运营管理中心打造数字孪生大剧场	模型搭建完成后作为展示中心主要展示内容	完成模型搭建	模型可以放入牛头山展馆，作为展示项目	续建	广阳岛生态城投资公司
2		全面数据采集系统建设	新建	监测布点、设备安装、调试、运行	2020年采集搭建完成，后续持续提升改进	完成已建成区数据收集	续建	续建	广阳岛生态城投资公司
3		基于新基建的智慧城市基础设施建设	新建	结合生态城智能电网、路网、管网、5G等项目构建智慧城市的基础设施建设	将各智能系统纳入数字生态城模型，作为分析依据	确定建设模式，开工建设	续建	力争建成投用	广阳岛生态城投资公司
4	产业园区建设	产业生态化示范园区建设	提升改造	完善园区服务配套，推动园区企业腾退和产业有机更新	推进传统产业的更新提升	开展前期策划研究	引进平台载体及新兴企业，根据载体需求进行改造	加快招商及装修改造工作，完成产业园载体引入工作	经开区管委会
5		重点项目建设	新建	数字创意产业园等	打造三大产业园区的亮点项目	新开工	续建	建成投用	业主单位
6	产业园区建设	生态技术产业孵化区建设	提升改造	完善园区服务配套，提升环境品质，汇集绿色科技企业	引入生态技术企业，打造生命共同体产业集群	开展前期策划研究	引进平台载体及企业业态等	招商及引入工作	经开区管委会

本章参考文献

[1] 赵建军，杨永浦. 新时代我国生态文明建设的内涵解析 [J]. 环境保护，2017（22）：32-34.

[2] 李瑾. 基于循环经济的产业生态化建设的发展研究 [J]. 中小企业管理与科技（上旬刊），2019（02）：62-63.

[3] 程宇航. 论绿色发展的产业基础：生态产业链的构建 [J]. 求实，2013，000（005）：37-40.

[4] Newell J P，Cousins J J，Baka J. Political-industrial ecology：An introduction[J]. Geoforum，2017，85（oct.）：318-322.

[5] Robert U，Ayres. “Industrial Metabolism” in Technology and Environment[M]. Washington：National Academy Press，1989：23-49.

[6] Robert Frosch，Nichholas Gallopoulos.Strategies for Manufacturing[J]. Scientific American，1989，261（9）：94-102.

[7] Kumar C，Patel N，Industrial Ecology[J]. Proc.National Acad.Sci.USA，1992，（89）：798-799.

[8] Socolow R P.Industrial Ecology and Global Change[M]. New Youk：Cambridge University Press，1994.

[9] Graedel T E，Allenby B R.Industrial Ecology[M]. New York：Prentice Hall Press，1995：108-109.

[10] IEEE，White Paper on Sustainable Development and Industrial Ecology[EB/OL，1995]. http://tab.computer org/ehsc/ehswp.htm

[11] Graedel T E，Allenby B R.Industrial Ecology（2nd edition）[M]. UpperSaddle River.Prentice-Hall，2003

[12] 刘则渊，代锦. 产业生态化与我国经济的可持续发展道路 [J]，自然辩证法研究，1994（12）：38-42.

[13] 黄志斌，王晓华. 产业生态化的经济学分析与对策探讨 [J]. 华东经济管理，2000（3）：7-8.

[14] 陈柳钦. 产业发展的可持续性趋势——产业生态化 [J]. 未来与发展，2006（5）：31-34.

[15] 吴巨培，彭福扬. 产业生态化发展及其实现路径 [J]. 湖南社会科学，2013（5）：149-151.

[16] 袁增伟，毕军，张炳，等. 传统产业生态化模式研究及应用 [J]. 中国人口资源与环境，2004，014（002）：108-111.

[17] 王忠孝，隋冰. 浅议企业资本运营中存在的问题和对策 [J]. 商业研究，2008（10）：93-95.

[18] 周子学. 电子基金：信息产业升级助推器——新一代信息技术：战略性新兴产业的重中之重 [J]. 经贸实践，2011（8）：14-15.

[19] 刘继云，史忠良. 地方政府推进产业升级转型——以东莞为例 [J]. 经济与管理研究，2009，000（003）：53-60.

[20] 丁友强. 基于企业生产生态化的低成本战略研究 [D]. 乌鲁木齐：新疆财经大学，2014.

[21] 包杰明. 基于生态理论的浙江产业集群可持续发展研究 [D]. 上海：复旦大学，2011.

[22] 张今声. 强化生态观念、建设生态文明 [J]. 经济与管理战略研究，2012，（4）：19-24.

[23] 邱跃华. 科学发展观视域下我国产业生态化发展研究 [D]. 长沙：湖南大学，2013.

[24] 沈静，卢晓，楼科利. 绿色产品体系概述 [J]. 质量与认证，2020，No.161（03）：59-60.

[25] 林黎，钟鑫. 生态文明视角下的中国产业结构升级探索 [J]. 生态经济，2020，36（08）：221-225.

[26] 钱易. 清洁生产与可持续发展 [J]. 节能与环保，2002（7）：10-13.

[27] 国务院. 国务院关于印发《中国制造 2025》的通知 [EB/OL].（2015-05-08）. http://www.gov.cn/zhengce/content/2015-05/19/content_9784.htm.

[28] 常纪文. 习近平生态文明思想的科学内涵与时代贡献 [J]. 中国党政干部论坛，2018（11）：8-13.

[29] 林黎，钟鑫. 生态文明视角下的中国产业结构升级探索 [J]. 生态经济，2020，36（08）：221-225.

[30] 严金明，王晓莉，夏方舟. 重塑自然资源管理新格局：目标定位、价值导向与战略选择 [J]. 中国土地科学，2018，32（04）：1-7.

[31] Frosch R A，Gallopoulos N.Strategies for manufacturing.Scientific American，1989，261（3）：144-152.

[32] 任洪涛. 论我国生态产业的理论诠释与制度构建 [J]. 理论月刊，2014（11）：121-126.

[33] 张云，赵一强. 环首都经济圈生态产业化的路径选择 [J]. 生态经济，2012（04）：118-121.

[34] Costanza R. The Value of the World's Ecosystem Services and Nature Capital [J]. Nature，1997，387：253-260.

[35] 常纪文. 乡村产业兴旺 需要做好生态文章——乡村振兴中的产业生态化和生态产业化问题 [J]. 中国生态文明，2018，No.25（03）：49-52.

[36] 熊德斌，张萌. 生态资源经济价值的实现机制研究——基于贵州茶产业历史变迁考察 [J]. 林业经济，2020，v.42；No.330（01）：53-60.

[37] 王金南，马国霞，於方，等. 2015 年中国经济 - 生态生产总值核算研究 [J]. 中国

人口·资源与环境，2018，28（2）：1-7.

[38] 罗胤晨，滕祥河，文传浩．构建全域现代生态产业体系的内涵、路径及策略：重庆探索 [J]. 华中师范大学学报（自然科学版），2020，54（04）：649-657.

[39] 赵作权，田园，赵璐．网络组织与世界级竞争力集群建设 [J]. 区域经济评论，2018（6）：44-53.

[40] 欧阳志云，朱春全，杨广斌，徐卫华，郑华，张琰，肖燚．生态系统生产总值核算：概念、核算方法与案例研究．生态学报，2013，33（21）：6747-6761.

第 6 章

一库、一模型：

生态城科技与智慧展现

6.1 奠定科技基石、稳固城市建设：生态技术助力实现城市功能

6.1.1 生态技术的相关研究

生态技术是人们治理和控制环境污染的一种技术形式[1]，主要可以从两个角度进行阐释：一是以生产源头、过程和结果对生态城环境的污染低、能耗小、高产出作为衡量标准[2]；二是强调达到生态效益和经济效益的协调平衡[3]。

6.1.1.1 生态技术发展历程

由于环境问题越来越突出，在 20 世纪 60 年代国外发达国家相继制订了控制环境污染的法律政策来促进生态技术的发展研究。生态技术的最初形式末端技术（PIPE-OF-END Technology）在这时候得到了很好的发展，实际上只是一种先污染后治理的技术形态，它对环境污染不能起到有效的预防作用。

鉴于末端技术在生态环境保护和资源保护中的局限性，1979 年在日内瓦举行全欧高级会议通过了《关于无废工艺和废料利用的宣言》，并提出了“无废工艺”，指出“无废工艺”是使社会和自然取得和谐关系的战略方向和手段[4]；1984 年，美国国会通过了《资源保护与恢复法，固体及有害废物修正案》，提出了“废物最少化”，在可行的范围内，减少产生的或随之处理、贮存、处置的有害废弃物量，它包括在产生源处进行的削减和组织循环两方面的工作[5]。但无废工艺和废物最少化只考虑生产工艺和生产过程，没有考虑到产品设计等源头污染，而且由于零排放的非现实性，1889 年联合国环境规划工业和环境计划活动中心制订了“清洁生产计划”，并在 1990 年 9 月写入了“21 世纪议程”[6]。

从生态技术的发展过程可以看出，生态技术是一个动态概念，由于每一阶段特定的历史环境中认识上的局限性，各阶段的生态技术都不是臻善臻美，而是始终处于不断的发展和完善之中。

6.1.1.2 生态技术特征

（1）以实现生态—经济—社会三者可持续发展为目标

这是生态技术的最本质的特征，生态技术追求生态经济综合效益，即经济效益最佳、生态效益最好、社会效益最优的三大效益的有机统一[7]。

（2）以生态学为理论基础

近现代工业技术以物理科学为理论基础，以不可更新资源为主要的材料来源[8]；成熟的生态技术则以可更新资源为主要材料来源，强调生产系统和自然生态系统的耦合，在技术的建构和使用方式上则注重对生态系统运行方式的模拟[9]。

（3）系统型技术

生态技术不以某一环节上技术的开发和效益为目标，而强调技术整体系统的建构能使资源的投入—产出关系最优化，遵循协调性原则，不仅注意各子系统之间的相互协调、搭配合理，而且还注重整个技术系统与外界自然生态系统的协调。因此，系统论也是生态技术的重要理论基础。

（4）低投入一高产出的高效化技术

由于生态技术主要依赖可更新资源的，所以，只要保持资源利用不超过自然资源系统的再生能力，就可以做到资源的持续供应。

6.1.2 生态技术库方法论

生态技术库的构建是在明确生态技术内涵的基础上，结合重庆广阳岛生态城的建设发展需要，以技术要素为主线进行分类，形成一套科学、合理、便捷的技术体系，不仅可以用于生态城指标体系维系与修正，也是生态城产业发展的重要方向，为生态城建设提供系统的技术体系支撑。例如，当广阳岛生态城“三线九区”中的具体一个地块进行建设活动或招商引资初期，项目进行测算后达不到指标体系“一表”中对于生态城的具体要求，可以通过生态技术库，即“一库”当中相应的技术和工程产品对其进行修正。

6.1.2.1 构建原则

（1）系统性

城市建设是一项系统工程，生态技术体系必须能够涵盖生态城建设涉及的各个方面，具有较强的系统性和全面性。一方面，便于生态城建设者对生态技术库有全面的认识；另一方面，便于生态技术的选取和综合应用。

（2）层次性

生态技术种类庞杂，数量剧多，因此生态技术库必须对各类技术进行梳理，使其层次分明，结构清晰，具有较强的逻辑性，确保在实际应用中目标项目可以准确快捷地构建本身所需的生态技术体系框架。

（3）可行性

生态技术库与广阳岛生态城建设目标与方向高度契合，符合生态城建设实际，并尽可能采用适用范围广的生态技术类型，具有较强的实用性和操作性。

（4）动态发展性

随着创新科学技术的发展，并考虑到广阳岛生态城中远期的可持续性发展的需求变化，生态技术库会适时地动态更新技术类型和具体的生态应用技术，选用资源能源利用率高、污染物产生量小的技术，并且尽可能实现资源循环利用和多方式使用。

6.1.2.2 构建流程

对生态技术概念进行辨析，通过国内外生态城市生态技术的应用案例和国内外生态技术文献检索分析，对现有生态技术搜集汇总；借鉴既有生态城生态技术统计分类结果，并根据广阳岛生态城建设发展需求，归纳总结出适用于广阳岛生态城的生态技术分类框架；最后通过生态技术逐级分类建立生态技术体系，最终形成广阳岛生态城生态技术库（图6-1）。

6.1.3 生态技术库体系框架

6.1.3.1 现有生态技术统计分析

通过进行生态技术文献检索和国内外生态城市建设的主要措施和代表性生态技术进行统计归纳，主要涉及能源、水资源、土地、固体废弃物、环境、交通出行、绿化、建设材料和智能信息化等方面（表6-1）。但是，由于城市需要解决的问题具有较为明确的指向性，各个城市会有一个或几个代表性的生态技术和技术系统体系。

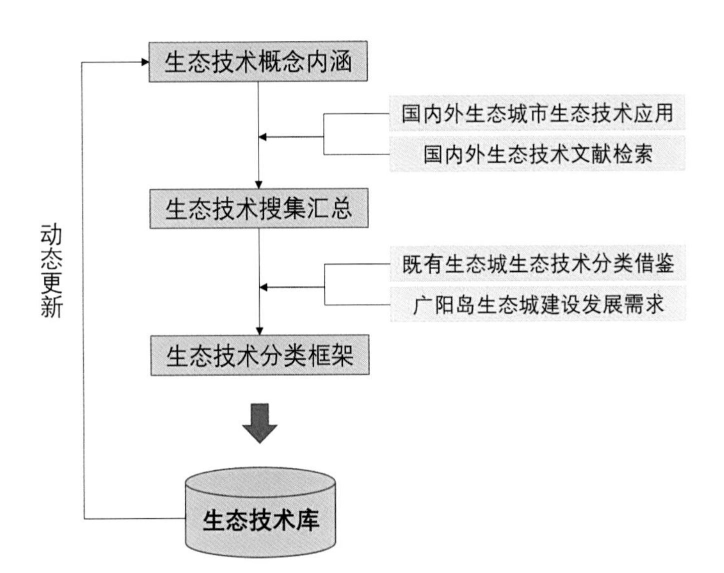

图 6-1　广阳岛生态城生态技术库构建流程图

现有生态技术统计一览表　　表 6-1

分类	具体技术	关键技术要素
能源	太阳能集热技术、太阳能发电技术、风力发电技术、风力泵水技术、风力制热技术、生物质能技术、水力发电技术、冷热电三联供技术	可再生能源、新能源、节能
水资源	节水技术、雨水中水的收集和利用、排水系统、反渗透膜过滤技术、微生物污水处理技术、住区雨水收集、灰水集中收集处理技术	雨水、污水、收集和处理
土地	土地集约利用、土壤污染修复、水土保持	土地利用和修复
固体废弃物	废弃物分类收集、循环利用、废弃物处理、循环农业有机堆肥、生物生产将塑技术	固废收集、处理、利用
环境	绿色通风技术、空气净化、降噪技术	通风、净化处理、噪声处理
交通出行	公共交通优化、多样化交通、快速公交、智能交通、慢行系统、节能和新能源交通工具	绿色交通
绿化	屋顶绿化、河道自然景观恢复、绿色空间设计、湿地和生物多样性保护、多维立体高层次的生态修复、生态廊道、墙面绿化、植物配置优化技术	生态系统修复、绿化建设
建设材料	交通类环保材料、可循环建筑材料、隔热绝缘材料、保温墙体材料、透水路面材料、建材回用技术等	生态节能环保材料、回收利用
智能信息化	大数据、智能监测、噪声监控、智慧管理	信息智能

6.1.3.2 广阳岛生态城生态技术库

结合生态技术库系统性和层次性的原则，以既有生态城生态技术的分类体系为基础，按照“分类—关键要素—技术类型—具体生态技术”四个等级对广阳岛生态城的生态技术库进行系统分类。针对广阳岛生态城的背景条件、建设目标和建设需求，生态技术库分为资源环境、能源、环保材料、废弃物利用和智能信息五大类别，涉及水、土壤、空气、生物等 17 个要素（表 6-2）。

广阳岛生态城生态技术库（举例）　　表 6-2

类别	要素	技术类型	生态技术名称
资源环境（A）	水（A1）	节水装置（A1-1）	微灌技术
			地下灌溉技术
			覆膜灌溉技术
			工业循环用水系统
			住宅循环用水系统
		雨水收集（A1-2）	生态道路抗冲击雨水利用系统
			道路雨水生态存储系统
		雨水处理回用（A1-3）	雨水收集回用系统
			渗水地面结构
		河流修复（A1-4）	植物根滤技术
			生态浮床
	土壤（A2）	土壤修复（A2-1）	微生物菌剂改良土壤技术
			有机肥改良土壤技术
			植物转化污染物技术
			微生物修复技术
		边坡修复（A2-3）	生态护坡
	空气（A3）	通风净化（A3-1）	建筑新风系统
			清风廊道

续表

类别	要素	技术类型	生态技术名称
资源环境（A）	生物（A4）	植物绿化（A4-1）	屋顶薄层绿化技术
			植物墙板技术
		微生物利用（A4-2）	生物防治技术
		生物多样性（A4-3）	生物多样性促进技术
能源（B）	太阳能（B1）	太阳能集热（B1-1）	太阳能热水系统
		太阳能发电（B1-2）	分布式光伏发电技术
			太阳能汽车
	生物质能（B2）	生物质能转化（B2-1）	生物质压缩成型技术
			生物质热风空调
			沼气发酵技术
			生物质气化炉
	地热能（B3）	地热能发电（B3-1）	地热蒸汽发电技术
			地热水发电技术
		地源热泵（B3-2）	低温地板辐射技术（地暖技术）
	水能（B4）	水力发电（B4-1）	微型家用水力发电机
			水力发电技术
	氢能（B5）	氢燃料电池	氨燃料电池汽车
			氨能源动力汽车
环保材料（C）	可循环材料（C1）	可降解材料（C1-1）	光降解材料
			生物降解材料
			环境降解材料
		再生材料（C1-2）	可移动的生态环保木制轻体房屋
	低污染材料（C2）	降噪材料（C2-1）	吸音降噪材料
		低污染材料（C2-2）	透水混凝土路面
			生态无机矿物内墙装饰材料
	节能材料（C3）	保温隔热材料（C3-1）	生态环保型屋顶隔热层
			生态环保多功能墙体砌块
			新型外墙保温复合材料
			生态环保节能保温水箱式屋顶
			新型防水隔热吸尘保温生态屋面
		节能照明（C3-2）	LED 节能照明技术

续表

类别	要素	技术类型	生态技术名称
环保材料（C）	新型材料（C4）	信息材料（C4-1）	微电子材料、光电子材料
			集成电路及半导体材料
			纳米电子材料
		能源材料（C4-2）	新能源材料
		生态环境材料（C4-3）	环境工程材料
			绿色材料
废弃物利用（D）	固体废弃物（D1）	固体废弃物收集（D1-1）	KEM 垃圾自动分类机
			气动垃圾收集系统
		固体废弃物处理回用（D1-2）	固体废弃物再生利用技术
			焚烧飞灰资源化技术
			好氧堆肥技术
	废污水（D2）	废污水收集处理（D2-1）	生活污水就地分散兼园艺化技术
			人工湿地净化技术
			住宅小区污水封闭处理系统
			生物膜法处理技术
		废污水回用（D2-2）	膜处理法中水回用水处理系统
			生物处理法中水回用水处理系统
			物化处理法中水回用水处理系统
	废气（D3）	废气处理（D3-1）	废气治理技术
智能信息（E）	智慧城市（E1）	互联网（E1-1）	传感技术
			通信技术
		物联网（E1-2）	智能监控系统
		云计算（E1-3）	云计算计算机技术
		人工智能（E1-4）	人脸识别
		大数据（E1-5）	数据感知技术
			数据管理技术
			数据挖掘技术
			数据可视化技术

6.1.4 生态技术应用示范

6.1.4.1 生态技术库信息平台搭建

广阳岛生态城生态技术库可以配设生态技术检索库网络平台服务窗口，提供生态技术检索、生态技术使用说明、生态技术更新等服务，便于生态城建设技术应用备选库，为广阳岛生态城建设提供技术支持（图 6-2）。

同时，搭建广阳岛生态城生态技术测算平台，计算生态技术的使用对生产成本和投资体量的影响，并估算在整个项目运营过程中产生的社会、经济、生态效益。这个生态技术测算模型会纳入广阳岛生态城整体的智慧化建设体系中，可以对决策方案进行评价，并可应用到重庆政府部门主抓的具体的工作项目中。

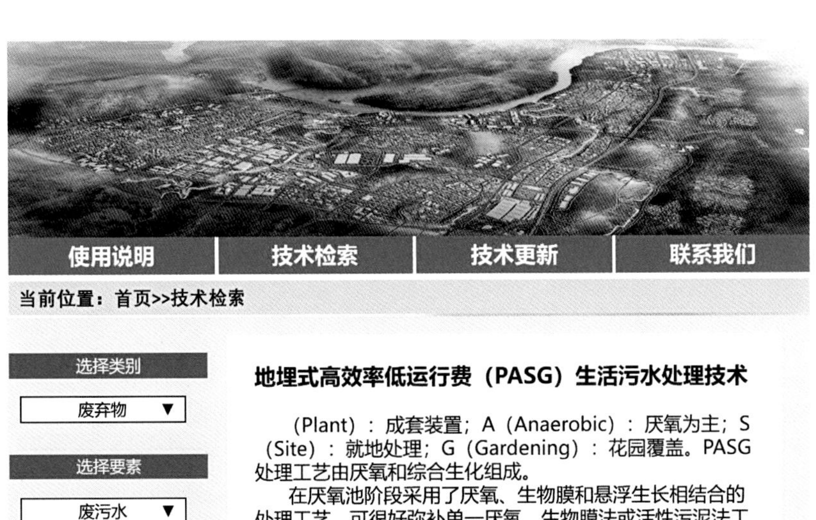

图 6-2　生态技术库检索界面 [10]

6.1.4.2 生态技术应用举例

（1）环境治理：烟气颗粒物深度治理、近零排放技术

形成我国雾霾的主要原因是颗粒物及超细颗粒物的超量排放，为了应对环境的巨大压力而不得已采取的通过削减产能进行总量控制、错峰生产进行排放尖峰控制两种应急策略[11]。颗粒物深度治理协同消白技术（图 6-3）的创新发展和成功应用，是我国环保事业“颗粒物近零排放”应用的重要里程碑，该技术打破了“颗粒物深度治理技术门槛高，企业负担重”的传统理念；成本是现在主流技术成本的 2/3，颗粒物可以做到 1 毫克以下，近零排放[12]。可在广阳岛生态城各行业普遍推广，在不减产的条件下实现颗粒物总量排放控制，从源头上治理粉尘性气候，降低 PM2.5 浓度，实现“绿水青山就是金山银山”的环保战略目标。

（2）污水处理：加载絮凝磁分离水处理技术

加载絮凝磁分离水处理技术（BFMS）加载絮凝磁分离水处理系统，它能将水中的磁性物质去除和利用磁絮凝方法从流体中去除溶解性物质，可直接处理地表水和地下水，达到生活用水标准；也可直接处理各种污水，达到排放和回用标准（图 6-4）[13]。该系统具有体积小、移动灵活、造价低、适应性强、操作简单、生产周期短、水处理效果好等特点，已成功应用于城市污水行业、油田行业、石化行业、煤炭行业、热电行业等废水的处理。已建成在运行工程，处理能力从 10～70000 吨/天污水处理工程实例[14]。

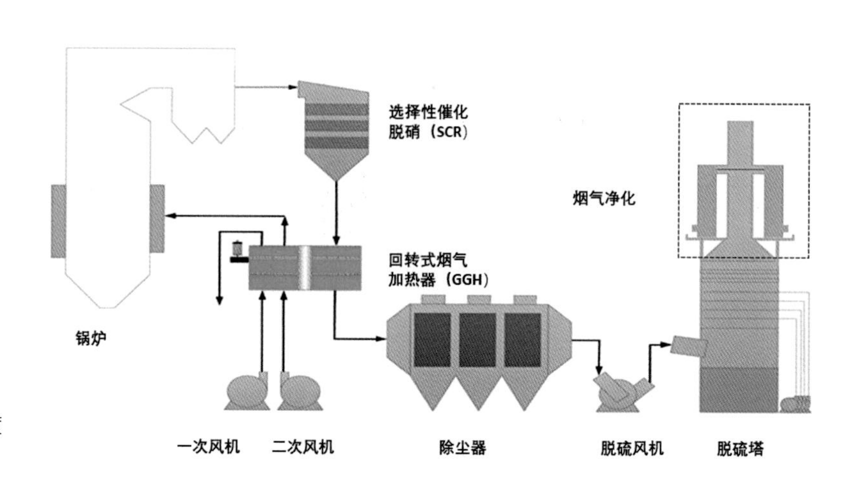

图 6-3 颗粒物深度治理协同消白技术

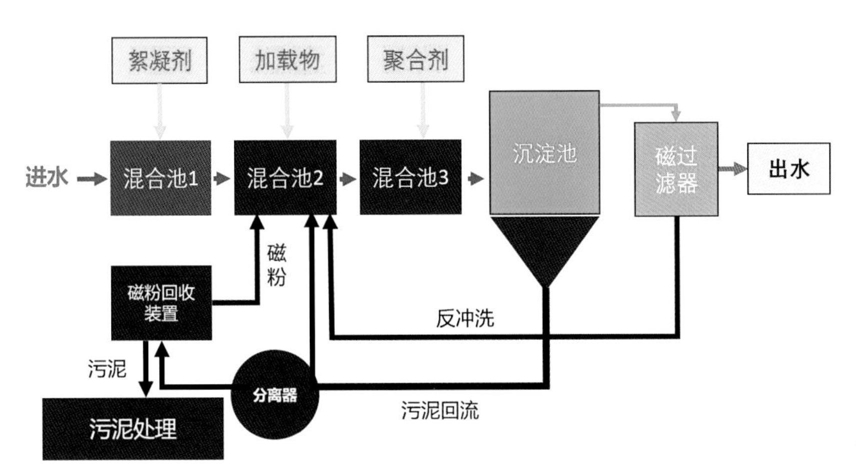

图 6-4　加载絮凝磁分离水处理技术

（3）智能信息：基础设施能源互联

依托能源互联网，围绕产业链需求，在发输配售储等多个环节发起建设开放共享的多层次商业平台体系，形成智慧能源商业的网络协同效应，为能源电力产业链打造新的商业生态。围绕能源电力产业链，依托广泛的物联基础和数据资源，大力建设契合发电企业、储能企业、工商业用户、居民家庭以及社会能源服务商实际需要的商业平台，形成能源电力商业生态网络协同效应，为能源互联网产业发展打通数据壁垒、打开资源边界、构筑多边市场，带动产业链上下游企业协同进化（图 6-5）。

图 6-5　基础设施能源互联结构

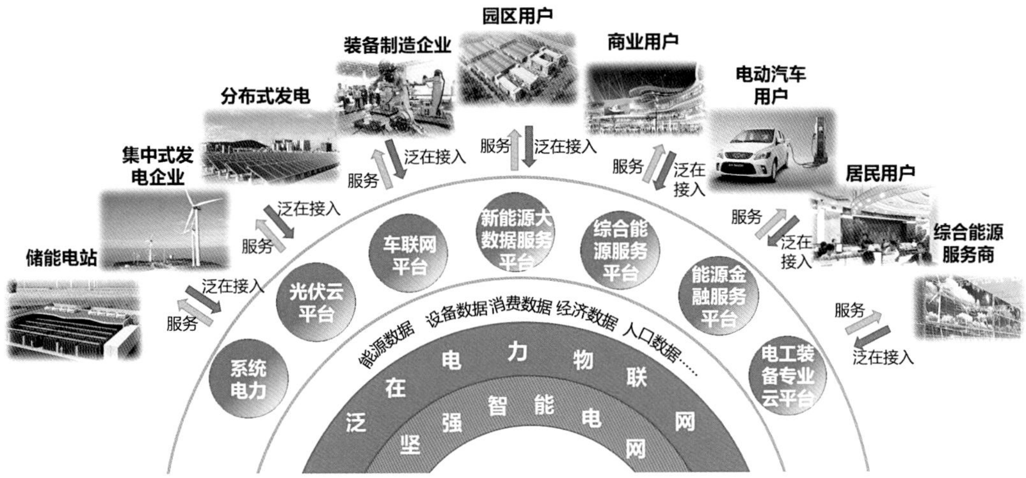

（4）智能信息：生态环境监测管理系统

生态城生态环境监测管理系统充分利用云计算、大数据、物联网等新一代信息技术，针对以大气环境、水环境为核心的多种环境监测对象，构建环境与社会全向互联的智慧型环保感知网络，实现环境监测监控的现代化和智能化，同时基于智慧环保大数据，搭建起覆盖市民、企业和政府的立体服务系统[15]（图6-6）。在管理方面，应用系统横跨各个渠道提高及时性和精确性；在服务方面，市民和企业将首次体验到随身携带政府级环保应用的便利；在信息方面，通过环保应用信息平台及时高效地发布适用于不同于受众的有用的信息，达到“一体化建设、实时动态监管、长效运营服务”的良好效果。打造面向政府、企业、公众的全方位服务体系，为生态文明建设提供技术支撑。

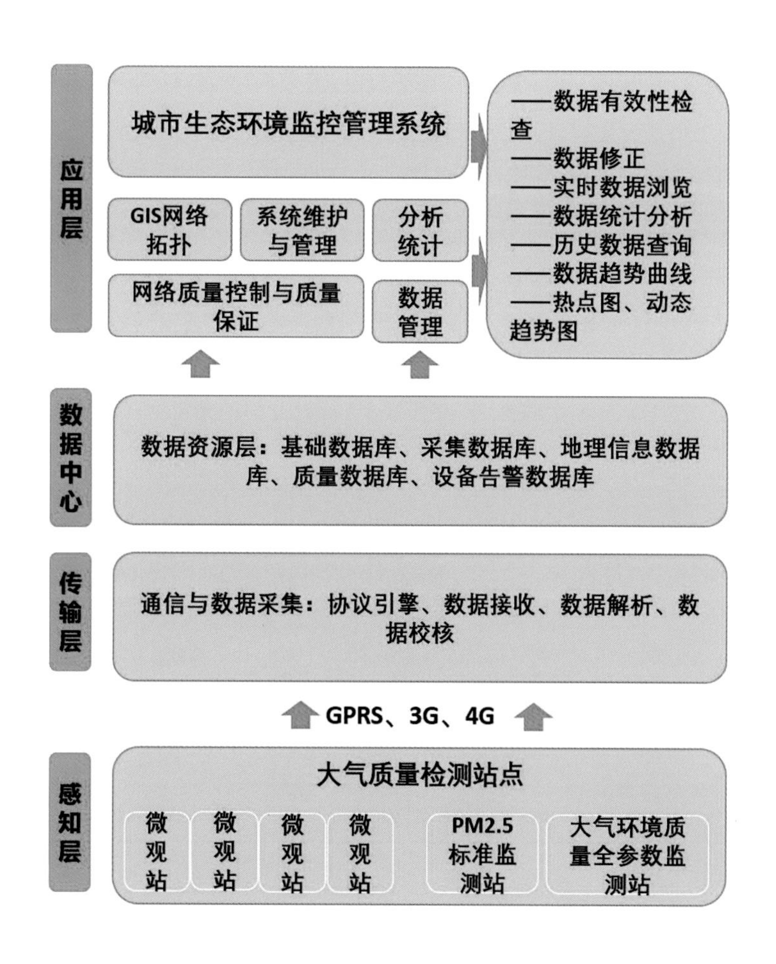

图6-6 生态城生态环境监测管理系统

6.2 数字生态、孪生城市：大数据智慧模型落位场景展现

6.2.1 智慧城市管理相关研究

1990 年，美国举行“智慧城市，快速系统，全球网络”会议探讨了以信息通信技术的“智慧化”发展来推动城市可持续发展和提高竞争力的探索[16]；2018 年美国 IBM 公司提出“智慧地球”概念，极大地推动了智慧城市理论研究的发展[17]；彼得·尼茨坎普，荷兰等人认为智慧城市管理对提升城市环境、优化教育、多形式互联和政府电子政务起着重要的作用[18]；汉斯·谢弗在开放的外部环境和创新用户驱动条件下验证了互联网公共服务资源可以实现全民共享的结论[19]；胡蓓蓓和西奥多·帕特科斯提出了智慧城市的智慧水平需要用户在智慧城市中的现实感受来评价和推动[20]；亨德里克·希尔凯玛等证明移动应用程序的开发和数据共享需要竞争机制的带动，进而推动移动应用程序创新方式的开发和应用[21]；张在秀等在智慧城市平台上研究出集成身份验证系统（UCIAS），可以有效防止恶意攻击和保护公民隐私，解决智慧城市运行中个人信息安全问题[22]。

国外对智慧城市管理研究起步较早，形成了涵盖基本理论研究、基本组成架构、技术组成体系、基本发展领域等体系的智慧城市发展框架，取得了不少科研成果，并在智慧城市的建设中得到了充分的实践和应用。我国对大城市智慧城市管理的研究及应用的成果很多，蒋敏、邹逸江等人在宁波“智慧城管”平台（一期）GIS 的基础上，结合决策支持系统，集成研发出空间决策分析工具[23]；周茹以浙江省温州市智慧城管为例指出如何引入绩效评估体系以解决智慧城市管理中遇到的热点、难点问题是当前亟待解决的问题[24]；孙欣欣在《智慧城管：迈向智慧城市的城市管理新探索——以杭州为例》指出城市管理数字化向智慧化提升是时代发展的必然[25]。

智慧城市管理需要政府的强制力作为保障。由政府主导，制定并推

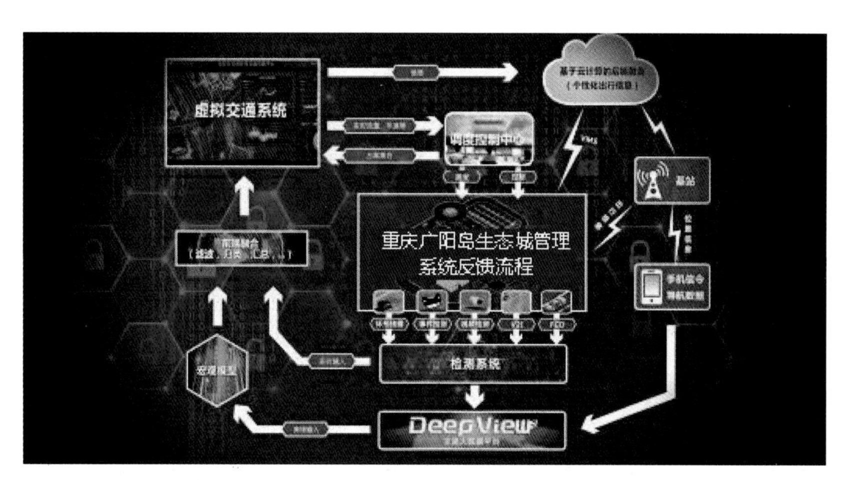

图6-7　生态城管理系统服务流程

行一系列的强有力政策，通过顶层规划和设计，吸引和鼓励非政府组织、非营利组织及社会公众广泛参与，根据各地实际制定长远计划，分步骤有序推进。同时又要避免理论的生搬硬套和技术的简单应用。

6.2.2 大数据智慧模型方法论

6.2.2.1 全时空监控

将地理数据和大数据应用于生态城管理，结合设施监测数据，实现生态城运行状态的全时空监测，提供准确及时的服务管理信息(图6-7)。

6.2.2.2 智慧态势管控

平台以多源实时大数据和互联网数据融合为基础，结合平台发布渠道，实现社区活动、实时交通、突发情况、设备维护、日常服务等实时管控(图6-8)。

6.2.2.3 辅助决策服务

管理平台利用大数据分析多维指数，为生态城提供周报、月报、季报和年报等，提供基础数据支撑及优化方案(图6-9)。

6.2.3 数字生态城技术路径

数字生态城建设，需要在城市大数据的基础上，利用物联网、互联

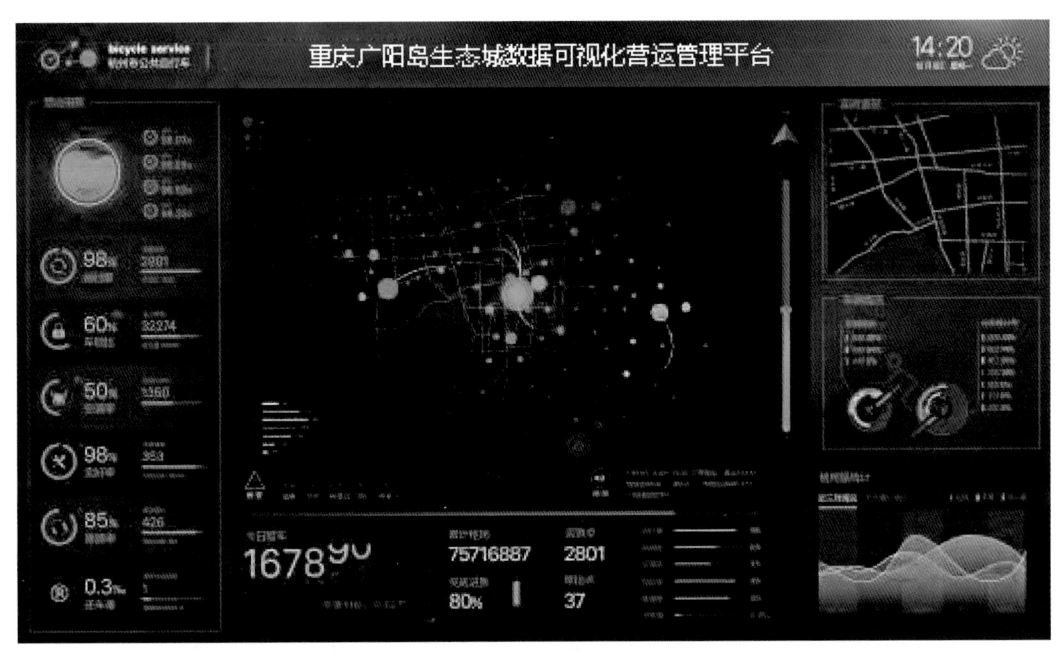

图6-8　数据可视化营运管理平台

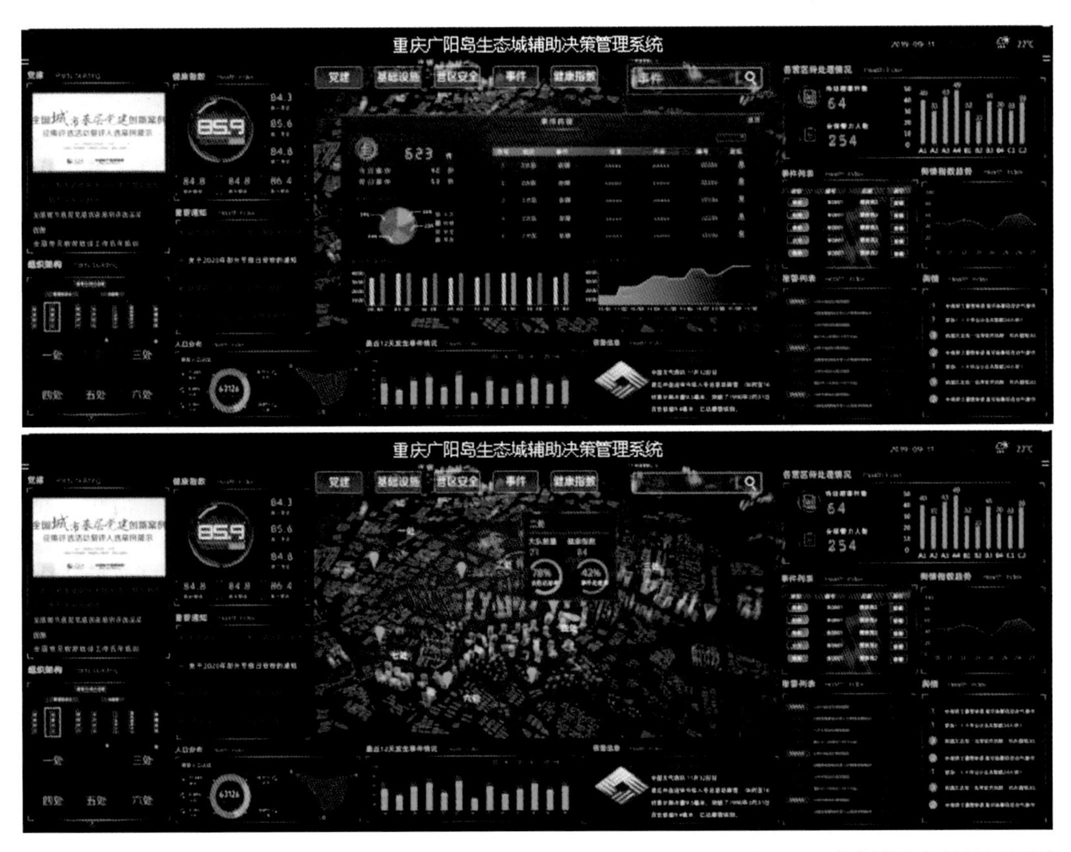

图6-9　生态城辅助决策管理系统

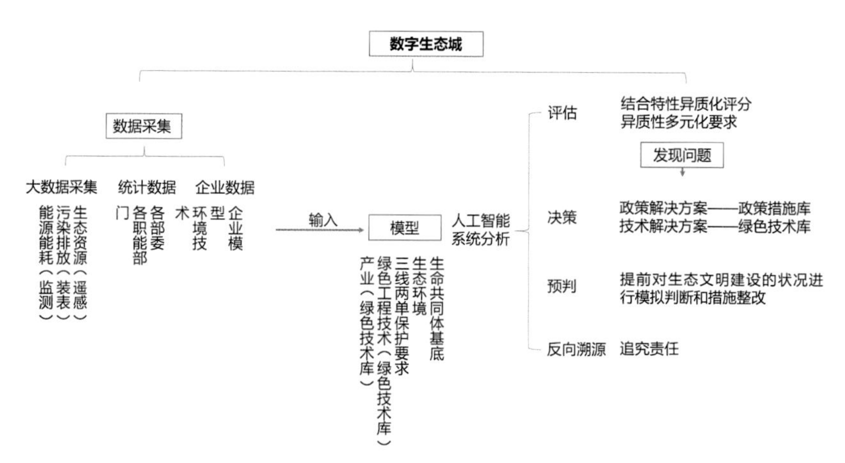

图 6-10　数字生态城技术路径图

网及信息通信技术等对城市各类资源进行综合连接，且通过城市运行状态来感知、预测、分析、整合，结合对资源的优化配置，以及各类功能的高效管理，为人们创造一个生活工作更为便捷的城市环境（图 6-10）。

6.2.3.1 大数据全量信息收集

数字生态城是以大量数据信息为基础的，数据的采集必须客观化、科学化、全面化和精确化，广阳岛生态城通过视频监控、无人机飞行、应急指挥车通信系统和激光雷达四种方式来获取城区运行的实时情况。

（1）精确数据收集

通过地面高清视频监控点采集污染源、能源能耗等信息的视频数据，可直接在 GIS 系统内观看摄像机实时视频。

（2）全方位视频数据收集

无人机飞行到高空及人力监控死角，对大气中的环境污染情况进行视频监控，实现污染源的立体监测。

（3）高效数据收集

应急指挥车通信系统通过卫星或 4G 设备与环保监控指挥中心进行连接，把视频实时推送至环保监控指挥中心的接收端、移动端，呈现在 GIS 地图上。

（4）可视化视频数据收集

激光雷达可视化作为一种新型可视化空气质量监控技术，通过射向大气的激光，将空气污染物立体动态分布收入眼底，从而判断污染来源，弥补了大气观测以地面数据测量为主的不足。

6.2.3.2 常态与动态数据分析模拟

收集来的数据信息通过大数据智慧模型，可以对生态城常态和动态数据分析，分析结果体现到空间中，第一是可以进行评分的，可评估生态城区域从国家的生态文明建设指标体系上来说能评多少分，以及按照生态城的要求和标准，可以提一个什么样的生态城指数要求；第二是能够追责，大数据智慧模型相当于一个区块链，可以明确哪个地块、哪个项目、哪个设施评分不合格及不合格的原因，从而进行追责；第三，可以进行预判，在确定存在的问题之后，可采用政策方法或采用生态技术库来修正这个问题，大数据智慧模型可以分析所产生的经济成本、社会影响、居民生活便利方式的情况，并对生态城未来发展的生态效益进行预判；最后是决策，大数据智慧模型使生态城指标体系的监控、分析、模拟得以实现，为指标的更新修正提供解决方案，而不是只到数据为止，把问题得以解决作为重点，形成一套科学的数字化生态方案。

6.2.3.3 精准传递、智能相应

通过智慧城市智能运行中心（IOC）建设，构建生态城综合管理调度中心，基于 GIS 的实时可视、事件监控与联合指挥、态势监控与决策分析，实现城区内的全连接和可视、可管、可控的业务支撑，形成生态城运营仪表盘，实现对生态城日常运营的洞察（图 6-11）。同时，借助贵州数博大道区域内丰富的生态资源，大数据智慧模型可在诸如生

图 6-11　生态城综合管理调度中心

态数据收集，搭建生态物联网方面大有作为，这不仅有助于生态文明的建设，也有助于拓宽大数据产业发展的渠道与可能性，让市民得以有更多机会亲近自然。

本章参考文献

[1] 周志荣. 生态技术与湖北省中小企业的可持续发展 [D]. 武汉：武汉科技大学，2005.
[2] 周丰风. 技术创新能力对环境绩效的影响研究 [D]. 长沙：湖南科技大学，2018.
[3] 杨敏. 生物环保技术是解决全球生态环境问题的一项核心技术 [J]. 生物产业技术，2015 (03): 1-2.
[4] 吴彤. 技术生态学的若干问题 [J]. 科学管理研究，1994 (4): 55-59.
[5] 邹乔敏. 美国的有害废弃物政策 [J]. 上海环境科学，1987 (8): 34-38.
[6] 肖利航. 清洁生产：21 世纪的选择 [J]. 经贸导刊，2002，9:37-38.
[7] 杨平. “两型社会”建设技术创新论 [J]. 产业与科技论坛，2010，009 (006): 25-28.
[8] 孙艺年. 碰撞与变革——近代工业技术的引进与传统技术观的嬗变 [J]. 哈尔滨工业大学学报：社会科学版，2002 (04): 12-17.
[9] 周志太. 以科技体制创新推动生态科技发展 [J]. 广东科技，2013，(019): 63-63.
[10] 杨璐. 生态技术体系构建及其在崇明东滩生态城的应用 [D]. 上海：华东师范大学，2016：56.
[11] 张楠 . 浅谈雾霾的危害及防治 [J]. 能源与节能，2020 (02): 71-72.
[12] 段飞飞. 燃煤电厂烟气深度治理技术研究 [J]. 中国环保产业，2018，(011): 45-48.
[13] 张鹤清，吴振军，吕志国，等. 絮凝快速分离水处理技术简介及发展趋势 [J]. 环境工程，2018(07): 61-66.
[14] 陈林虎. 磁分离技术在水处理工程中的应用工艺及发展趋势 [J]. 环境与发展，2017 (09): 120-121.
[15] 崔星华. 生态环境监控系统设计思路及创新设想 [J]. 中小企业管理与科技，2020，(009): 108-109.
[16] 屠启宇 . 全球智慧城市发展动态及对中国的启示 [J]. 南京社会科学，2013, (1): 47-53.
[17] 李淦钏. 大数据背景下晋江市智慧城市管理研究 [D]. 厦门：华侨大学，2018.
[18] David V Gibson,George Kozmetsky,Raymond W Smilor. Technopolis

phenomenon:smate cities,fast system,global networks[R] ,1992.

[19] Andrea Caragliu,Chiara Del Bo,Peter Nijkamp.Smart cities in Europe[J]. Ideas，2009,98（5）:1766-1782.

[20] Beibei Hu,Theodore Patkos,Abdelghani Chiabani,Yacine Amirat.Rule-Based Context Assessment in Smart Cities[J]. Web Reasoning and Rule Systems Lecture Notes in Computer Science,2012,（7497）:221-224.

[21] Hendrik Hielkema,Patrizia Hongisto.Developing the Helsinki Smart City:The Role of Competitions for Open Date Applications[J]. Journal of the Knowledge Economy,2013,（6）:190-204.

[22] ae-Soo Jang,Hyung-Min Lim,Ubiquitous-City Integrated Authentication System（UCIAS）[J]. Journal of Intelligent Manufacturing,2014,（4）: 347-355.

[23] 蒋敏，邹逸江，陆阳，等 . 宁波智慧城管平台决策分析工具研究 [J]. 地理信息世界，2016,23（2）：67-73.

[24] 周茹. 智慧城管绩效评价指标体系的构建 [D]. 上海：华东政法大学，2016.

[25] 孙欣欣. 智慧城管：迈向智慧城市的城市管理新探索——以杭州为例 [J]. 城市管理与科技，2013,（5）61-63.

第 7 章

一制度：

生态城建设的制度体系构建

7.1 他山之石：既有生态城实践制度分析

生态城在建设过程中会遇到许多城市问题，在很大程度上这些城市问题会涉及政府的决策机制，特别是与其所制定的政策制度体系密切相关[1]。生态城建设不仅需要合理的规划设计，还需要政府制定相关政策制度以解决发展中遇到的各种问题[2]，政策制度体系可以为生态城的建设发展提供除规划干预外的第二道路，并且对生态城管理部门来说，制度体系相对于城市规划手段来说更具针对性和时效性。生态城建设要实现城区内自然、经济、社会三系统的高度协调和良性循环的可持续发展，其制度体系也要包含了生态城建设的方方面面（表 7-1）。

既有生态城实践制度　　表 7-1

分类	名称	核心内容
自然	《鸟类自然保护区管理办法》	规定了保护区的规划、建设和相关的管理活动
	《生态城植物名录》	对现有物种普查，加强对本地物种宣传
	《鸟类国家级自然保护区行政处罚裁量基准》	对未批准进入保护区，在自然保护区内进行砍伐、狩猎、采石等破坏生态环境以及擅自携带猎捕、捕捞工具进入保护区内等违法行为，进行了处理规定
	《加强河道长效管理的若干规定》	全面建立“河长制”，明确河道“河长”，落实管护主体和管护队伍，保障保护经费来源
	《城市园林规划设计和绿化种植结构指导意见》	加强园林规划设计的审查管理，对大、中型绿地建设方案进行严格把关
	《园林植物保护技术规程》	规范园林植物保护工作
	《城市道路绿化设计指导意见》	改善城市生态环境，提高城市道路绿化设计管理水平，加快了生态园林城市建设步伐，提出城市道路绿化建设指导意见
经济	《企业投资工业项目“标准地”管理规范 》	制定企业投资工业项目“标准地”有关项目竣工验收和达产复核的具体办法
	《鼓励市外优质产业项目落地奖励实施办法》	鼓励发展的市外优质产业项目落地

续表

分类	名称	核心内容
经济	《产业用地项目引进监管实施办法》	规范产业用地项目的引进监管工作，推进土地供给侧结构性改革，保障重点产业用地项目土地供应，推动产业转型升级
	《规划地块资源与环境开发控制性要求》	规定地块中土地资源和生态环境的开发强度和规划控制要求
	《中共天津市委关于加快推进滨海新区开发开放的意见》	推出八条措施，推进滨海新区开发开放提供人才工作服务
	《天津经济技术开发区人才引进、培养与奖励的规定》	把股权激励政策作为激励企业核心人才的手段，加大对科技人员的分配和奖酬制度
	《天津经济技术开发区鼓励高级人才入区的暂行规定》	保证人才引进规范性，健全博士后管理制度，负责高层次专业技术人才选拔培养工作
	《绿色建筑评价标准》	主要涉及绿色建筑涉及和建造阶段，提出“四节一环保”若干指标要求和施工阶段的环境保护要求
	《绿色建筑验收与评价技术导则》	加强绿色建筑工程管理，统一绿色建筑工程验收，保证绿色建筑工程质量
社会	《生态城公共交通条例》	制定城市公共交通法律法规体系，构建资源节约型公共交通体系
	《解决城市低收入家庭住房困难发展规划和年度计划》	重点解决中收入家庭住房困难，并将经济适用住房购买对象扩大到非拆迁中低收入住房困难家庭
	《保障性住房建设与管理暂行规定》	推出四种住房模式和五个创新制度，着力解决城区内非农业户口、低收入住房困难家庭和新区务工、创业员工住房问题
	《人才住房配租管理办法》	规范企事业单位人才住房配组行为，公正、公平、公开分配人才住房
	《城市房屋拆迁、限迁工作程序》	规范城市房屋拆迁工作程序，加强房屋拆迁管理，维护拆迁当事人的合法权益
	《扩大廉租住房受益面的实施意见》	健全和完善廉租住房制度，切实解决低收入住房困难家庭的需要，确定低收入家庭的收入标准、住房困难标准
	《生态城文体设施管理白皮书》	建立健全文体设施服务管理制度和经费保障体系
	《人居环境集中整治专项行动实施方案》	提升全市城乡整体卫生水平，优化生产、生活环境，打造高质量的城乡人居环境
	《厨余及餐饮垃圾管理办法》	加强餐厨垃圾管理，改善环境卫生，促进资源循环利用
	《关于进一步加强本市垃圾综合治理的实施方案》	明确垃圾综合治理的指导思想、工作目标和主要原则，规定垃圾综合治理的任务和措施

7.1.1 自然生态层面

生态城建设的核心问题是自然生态环境的保护和合理利用，通常需要具体的法律规范约束使得生态城的发展目标和定位得以贯彻落实，因此生态城建设中因地制宜地制定了适合本区域生态环境保护的相关法规[3]，坚持生态优先的原则，充分尊重本地区的自然本底，保护和改善生态环境，建立人工环境和自然环境协调融合的生态城生态格局，实现人与自然和谐共存与永续发展。生态城采取紧凑式用地布局，实现人口集聚、土地资源的集约高效使用，通过对土地资源、水资源和生态环境容量等资源承载力进行评估，最大限度地减少对生态城自然基地的侵占和破坏[4]。划定生态保育区，开展土地适宜性评价，严格控制建设用地范围，形成适宜生态循环发展的城市空间格局[5]。

制定生态城绿色发展政策，创新发展的绿色制度体系，涵盖涉及财政政策、税收政策、土地政策、投资政策、资源环境政策等方面，如建立健全区域生态补偿制度，逐步提高补偿标准[6]，对因保护生态环境和资源而影响经济发展的生态功能区、环境敏感区加大转移支付力度，提高生态补偿的精准度[7]，集中对森林、河流、湿地、耕地、大气等重要生态领域的生态保护和改善给予补偿。

7.1.2 经济发展层面

为了促进生态城的经济发展，吸引符合生态城产业规划的投资项目入驻生态城，集聚优质产业资源，提高科技创新能力，生态城出台了诸多产业发展促进办法等政府文件，重点支持符合循环经济和节能环保要求的科技研发、金融、商贸、会展、旅游等产业及相关服务业的发展，比如出台《产业发展和绿色技术创新专项条例》，鼓励绿色产业和生态技术产业，尤其是生态技术创新和应用企业的发展[8]。生态城管委会重点扶持的产业项目，会在财政、办公用房、人力资源和政府服务等方面制定鼓励帮扶措施；对符合生态城产业发展促进办法的企业和机构，管委会还将协助相关企业和机构争取国家和市区的相关优惠政策，根据其对生态城的实际贡献补充执行相关规定内容，促进生态城绿色产业经济的发展。

再次，建立明确的绿色施工管理规定，是为满足生态城各种绿色建设的要求，旨在满足建设质量和安全等基本要求的前提下，通过科学的管理水平和先进的技术手段，最大限度地节约资源，减少对生态环境的负面影响[9]。在生态城的建设管理过程中，为了科学地评判设计方案的优劣，掌握设计方案的真实能耗、环境数据等特性，需要第三方单位或部门审查相关的设计方案、使用材料和技术等专业性较强的内容，为生态城管理部门提供评审依据[10]。

7.1.3 社会文化层面

生态城在社会文化层面的制度主要涉及城市生活方面，号召生态城形成绿色低碳的生活方式，并不断提升城市居民的生活品质[11]。政府部门在帮助居民形成生态意识中起到关键作用，例如通过加大财政补贴力度和考虑交通积分制等形式鼓励市民低碳出行，通过专项拨款的方式加强低碳出行的公益广告等媒体宣传力度[12]。再次，多方式生态理念宣传，丰富的文化设施是宣传普及生态理念的重要媒介，政府通过相关制度在生态城内合适位置设置生态文明宣传牌、生态文明活动中心和生态展览馆项目等公共设施，加速生态理念的推广和传播[13]。最后，制定生态行为法规或导则，建立公民诚信档案机制，尤其是公民在信贷领域的信用制度、合同履约机制方面，根据公民诚信档案对公民信用制定详细的评分标准，将使其有法可依[14]。

7.2 构建基础：国家及重庆现行相关政策制度分析

7.2.1 国家生态文明现行政策制度

我国从 20 世纪 80 年代初开始进行生态城市研究，北京、天津、上海、深圳、长沙、宜春、马鞍山等城市都相应开展了研究，主要集中在对城市生态系统分析评价和政策制定之上[15]。进入 20 世纪 90 年代，住房和城乡建设部和环保部也相继发布了一系列与生态城市相关的政策，有力推动了生态城市的建设与发展。经过二十余年的发展完善，我国生态城市理念不断充实，生态政策制度体系不断完善（表 7-2）。

7.2.1.1 自然生态层面

2015 年 9 月，中共中央政治局审议通过《生态文明体制改革总体方案》(以下简称《方案》)。《方案》以邓小平理论、“三个代表”重要思想、科学发展观为指导，贯彻落实习近平总书记系列重要讲话精神，坚持节约优先、保护优先、自然恢复为主方针，立足中国基本国情和新时代的阶段性特征，以建设美丽中国为目标，以人与自然和谐共生为核心，以解决生态环境领域突出问题为导向，切实保障国家生态安全、改善环境质量、提高资源利用效率，推动形成人与自然和谐发展的现代化建设新格局[16]。国家打出“1+6”生态文明体制改革“组合拳”，落实《生态文明体制改革总体方案》，协同执行《环境保护督察方案（试行）》《生态环境监测网络建设方案》《开展领导干部自然资源资产离任审计试点方案》《党政领导干部生态环境损害责任追究办法（试行）》、《编制自然资源资产负债表试点方案》、《生态环境损害赔偿制度改革试点方案》等国家政策，保护自然生态安全[17]。

坚持树立尊重自然、顺应自然、保护自然的发展理念，树立发展和保护相统一的理念，树立绿水青山就是金山银山的理念，树立自然价值和自然资本的理念，树立空间均衡的理念，树立山水林田湖是一个生命共同体的理念[18]。努力构建起由自然资源资产产权制度、国土空间开发保护制度、空间规划体系、资源总量管理和全面节约制度、资源有偿使用和生态补偿制度、环境治理体系、环境治理和生态保护市场体系、生态文明绩效评价考核和责任追究制度等八项制度形成的产权清晰、多元参与、激励约束并重、系统完整的自然生态制度体系，推进生态文明领域国家治理体系和治理能力现代化建设[19]。

7.2.1.2 经济发展层面

我国发展的战略目标是建设现代化经济体系，发展绿色经济，转变经济发展方式，优化经济结构，转换经济增长动力[20]。发展绿色经济的重点是推进绿色产业的发展，加快传统产业的绿色转型，解决资源环境约束的发展难题，培育新的经济增长点和增加就业，增加发展后生动力[21]。聚焦节能减排的国际使命，加快节能减排科技进步，组织实施

国家生态文明实践制度　　表 7-2

分类	名称	核心内容
自然	《中华人民共和国环境保护法》	针对防止空气污染的具体措施制定了相关标准、规范和管理办法
	《中华人民共和国环境保护法》	
	《地表水环境质量标准》	规定了全国江河湖库等地表水域的水污染控制环节
	《声环境质量标准》	适用于城乡五类声环境功能区的声环境质量评定与管理
	《建筑施工场界噪声限值》	规定施工区噪声排放标准
	《中国湿地保护行动计划》	确立了 300 多个具有全球意义的湿地保护项目
	《自然保护区监督检查专项行动实施方案》	按照国家相关法律要求严肃查处自然保护区各类违法违规活动
	《生物多样性保护战略与行动计划（2012~2030 年）》	加强生物多样性保护工作，应对生物多样性保护工作面临的新问题、新挑战，制定总体目标、战略任务和优先行动
	《国家生态园林城市标准》	应用生态学与系统学原理来规划建设城市，制定了完整的城市生态发展战略、措施和行动计划
经济	《中华人民共和国清洁生产促进法 》	规定各级人民政府应当优先采用节能、节水、废物再生利用等有利于环境与资源保护的产品
	《中华人民共和国循环经济法》	出台一系列循环经济财税政策，包括控制产能过剩产业发展的产业政策和投资导向目录等
	《绿色建筑评价标准》	落实完善资源节约标准的要求，总结我国绿色建筑方面的实践经验和研究成果，借鉴国际先进经验制定的绿色建筑综合评价标准
	《城市居民生活用水标准》	指导城市供水价格改革工作，建立以节水用水为核心的合理水价机制
	《关于加强专业技术人才队伍建设的若干意见》	将科技人才培养放到了重要位置
	《科学技术评价办法（试行）》	提出以促进形成“公平、公开”的竞争与合作机制和优秀人才脱颖而出为导向评价研发人员
	《关于科学研究事业单位岗位设置管理的指导意见》	对科学研究专业技术岗位名称和等级设置做了具体规定
社会	《绿色出行行动计划（2019—2022 年）》	构建完善综合运输服务网络，提升公共交通服务供给能力，优化慢行交通系统服务和差别化交通需求管理制度
	《关于开展节能与新能源汽车示范推广工作试点工作的通知》	在北京、上海等 13 个城市开展试点工作，鼓励试点城市率先在公交、出租、公务、环卫和邮政等公共服务领域推广使用
	《城乡规划法》	将保障性住房纳入城市近期建设规划中，明确建设时序、发展方面和空间布局

续表

分类	名称	核心内容
社会	《关于解决城市低收入家庭住房困难的若干意见》	加快建立健全以廉租住房制度为重点、多渠道解决城市低收入家庭住房困难的政策体系
	《公共文化体育设施条例》	促进公共文化体育设施的建设，加强对公共文化体育设施的管理和保护，满足人民群众开展文化体育活动的基本需求
	《城市公共设施规划规范》	规范城市公共设施规划活动，合理配置和布局城市公共设施用地
	《加快推进数字新基建发展三年行动计划（2020-2022年）》	聚焦5G、人工智能、工业互联网、智慧充电基础设施等四大领域，打造数字新基建城市
	《城市生活垃圾管理办法》	规范城市生活垃圾的清扫、收集、运输、处置及相关管理活动

节能减排科技专项行动计划，组建国家重点工程实验室，提高创新发展能力，攻克节能减排关键和共性技术；积极推动以企业为主体、产学研相结合的节能减排技术创新与成果转化制度体系建设。

逐步完善绿色经济配套政策制度，扩大实施高耗能、高污染行业差别电价和水价政策[22]，并研究建立对节能产品的财政补贴机制，拓宽融资渠道，加大在节能减排领域倾斜力度，完善落实限制高耗能高污染产品进出口的各项政策[23]。调整和优化能源结构，优化一次能源供应结构，降低煤炭在一次能源供应总量中的比重，大力发展水电、核电、风电、太阳能等清洁能源[24]。

7.2.1.3 社会文化层面

国家社会文化层面的制度体系强调“以人为本”[25]，着重加强在社会整体发展下对个体权利和发展的关注，新时代的政策主线更加强围绕提质增效，达到提升人民福祉的核心目标[26]，提出统筹构建优质均衡的公共服务体系、和谐宜人的居住环境、绿色高效的城市交通体系、安全可靠的基础支撑体系和智慧精细的城市管理体系，以满足城市发展需求端的升级。

7.2.2 重庆现行相关的政策制度

习近平总书记指出：“保护生态环境必须依靠制度、依靠法治”，狠抓长江经济带“共抓大保护”，深入拓展“两山”转化通道。重庆作为新时代背景下的长江生态文明经济的重要节点，必须着力提升生态文明制度水平，不断完善“源头严防、过程严管、后果严责”的制度体系，把生态文明建设纳入制度化、法治化轨道，以制度创新推动生态文明建设（表 7-3）。

7.2.2.1 自然生态层面

在重庆市域范围内实行了最严格的自然生态制度体系，主要包括生态环境保护制度、资源高效利用制度、生态保护和修复制度和生态环境保护责任制度，制定了完善市级水、大气污染物相关排放标准，着力完善环境信息披露机制，全面开展环境信用评价，推行领导干部自然资源资产离任（任中）审计，实施守信联合激励和失信联合惩戒的政策机制，制定实施《重庆市生态环境保护督察工作实施办法》，加快形成了更加权威、高效、专业的生态环保督察体系[27]。

此外，重庆作为全国生态环境损害赔偿制度改革 7 个试点省市之一，印发了《重庆市生态环境损害赔偿制度改革试点实施方案》，推进和落实生态环境损害赔偿制度改革，加大了环保与公、检、法等部门的联动执法力度[28]；重庆市环保局与市高院、市检察院、市公安局联合印发了《关于集中办理环境资源案件若干问题的规定》《重庆市环境保护行政执法与刑事司法衔接工作实施办法》等系列文件，建立了环境保护行政执法与刑事司法衔接机制[29]。不仅如此，重庆还印发了《重庆市党政领导干部生态环境损害责任追究实施细则（试行）》，规定了 22 种追责情形，强化党政领导干部生态环保责任。

7.2.2.2 经济发展层面

重庆市在生态建设和环境保护的同时，把“绿色 +”融入经济发展各方面，因地制宜地选择发展产业，深化经济结构性改革，加强大数据智能化创新，大力推进产业绿色化差异化发展，调整经济结构，转变经济发展方式，实现了从过去以重工业和制造业为主的“棕色经济”向以技术进步和新兴产业为基础的绿色经济转型，达到“绿色生产”的目标[30]。重庆市将严格环境标准作为发展绿色经济的重要举措，制定了《重庆市产业环境准入标准》《重庆市工业项目环境准入规定》《重庆市电镀行业准入条件》等地方准入标准，以环境容量为资源，以污染物

重庆生态文明实践制度　　表 7-3

分类	名称	核心内容
自然	《重庆市长江流域禁捕和建立补偿制度实施方案的通知》	切实落实“共抓大保护，不搞大开发”方针，在长江流域重点水域实施有针对性的禁捕政策，促进重庆市水域生态环境修复
	《关于进一步加强城市排水管网工程建设质量管理工作的通知》	加强重庆市城市排水管网工程建设质量管理，提升城市水环境质量
	《重庆市城镇生活污水处理厂污泥处理处置实施方案》	实现生活污水处理厂污泥处理处置的目标任务和全市城镇污水处理厂污泥处理处置运行安全
	《关于落实生态保护红线、环境质量底线、资源利用上线制定生态环境准入清单实施生态环境分区管控的实施意见》	明确了坚持保护优先、分类施策、稳中求进的原则，分别提出重庆市 2020 年、2025 年、2035 年、21 世纪中叶的重庆市生态环境保护总体目标
	《重庆市建立流域横向生态保护补偿机制实施方案（试行）》	建立了“谁污染、谁补偿，谁保护、谁受益”的横向生态保护补偿激励约束机制
经济	《重庆市绿色建筑行动实施方案（2013-2020）》	严格落实新建筑强制性节能标准和既有建筑的绿色化节能改造，推广可再生能源和绿色建材使用
	《重庆市引进高层次人才若干优惠政策规定》	大力吸引高层次人才，加快建设内陆开放高地，建立和完善政府引导、用人单位为主、市场化配置的引进人才机制
	《重庆市引进科技创新资源行动计划（2019—2022 年）》	设立高端研发机构和联合研发中心，建立科技成果基地（中心）或技术转移转化服务机构，建设一批高水平大学（学院）和优势特色学科，构筑科技创新创业平台
	《重庆市绿色制造体系建设三年行动计划（2018—2020 年）》	建设绿色工厂、发展绿色园区、开发绿色设计产品、打造绿色供应链、培育绿色服务平台
	《重庆市清洁生产水平提升三年行动计划（2018-2020 年）》	加快推行清洁生产，提高资源利用效率，减少污染物的产生和排放，保护生态环境，促进工业绿色转型发展
	《重庆市固定资产投资项目（工业及信息企业技术改造类）节能审查实施办法》	推动工业及信息企业技术改造类固定资产投资项目节能审查程序规范化、内容明晰化、过程简洁化
	《促进工业企业高质量发展的若干扶持政策（试行）》	推动南岸区、经开区工业企业转型升级，鼓励工业企业在科技研发、技改创新、扩大市场、产业链延伸等方面加大投资力度，促进工业高质量发展
社会	《重庆市大数据行动计划》	推动企事业单位数据共享开放，加快大数据产业布局，攻克大数据关键技术，促进大数据技术及解决方案在公共服务、城市管理及产业发展等方面的广泛应用，将大数据产业培育成全市重要的战略性新兴产业
	《重庆市经济适用住房管理暂行办法》	完善重庆市住房保障体系，解决城市住房困难群体的住房问题，规范化公共租赁住房规划、建设、分配、使用、管理及监督体系

续表

分类	名称	核心内容
社会	《绿色出行行动计划（2019-2022 年）》	推进绿色出行发展，建设绿色出行友好环境、增加绿色出行方式吸引力、增强公众绿色出行意识，进一步提高城市绿色出行水平
	《进一步深化“互联网+政务服务”的通知》	优化办事流程、持续推进线上线下一体化政务平台建设，深化“互联网 + 政务服务”的相关事宜
	《重庆市市容环境卫生管理条例》	加强重庆市市容环境管理，构建实行统一领导、分级管理和公众参与、社会监督以及教育与处罚相结合运行机制
	《加快推进数字新基建发展三年行动计划（2020-2022 年）》	确定了数字新基建建设原则，聚焦 5G、人工智能、工业互联网、智慧充电基础设施等四大领域开展重点任务和政策措施
	《重庆市餐厨垃圾管理办法》	加强餐厨垃圾管理，保障食品卫生安全和人民群众身体健康，维护城市市容环境卫生，促进资源循环利用
	《重庆市生活垃圾分类管理办法》	加强生活垃圾分类管理，提高生活垃圾减量化、资源化、无害化处置水平
	《加快新能源汽车推广应用的实施意见》	推广新能源汽车应用领域，划定重点推广区域，加快完善充电基础设施建设，创新商业模式，并确立政策保障和支持机制

排放效率限值为准入条件，从产业政策、工艺规模、清洁生产、选址布局、污染防治、总量控制和风险防范等方面入手，制定了企业项目的环境准入政策[31]。

淘汰落后产能，在节能减排方面编制节能目标责任书，建立目标明确、责任落实的节能目标责任体系和考核机制；根据建设低碳生态城市的工作目标，把节能任务分解落实到各政府部门；同时建立督促检查机制，将重点企业节能减排工作情况列入市政府专项督查工作计划，保证各项政策措施的落实。重庆还出台了《重庆市清洁生产水平提升三年行动计划（2018-2020 年）》，加快推行清洁生产，促进城区内工业企业完成绿色转型发展的目标[32]。

另外，重庆市建立激励约束机制。对节能减排的先进单位进行奖励，对推广使用绿色高效照明产品的企业进行财政方面的扶持和补贴，同时对超能耗企业实施惩罚性电价政策，促使其完成绿色生产转型。

7.2.2.3 社会文化层面

重庆市大力营造绿色发展人人有责、人人应为、人人共享的社会文化氛围，在价值取向、思维方式、生活方式和管理方式等方面实现全面转变，加大了全社会对绿色发展理念的认同度和践行力 [33]；完善了绿色发展的文化制度，通过持续的基础教育、终身培训、媒体宣传、舆论引导、讨论交流、公众参与、实施奖惩等政策措施鼓励居民、社会团体、企事业单位和政府一起在绿色发展中各自发挥作用；倡导各主体的生态文明行为，如节约用水、用电、用气、用纸、减少使用私家车、增加公共交通出行、分类处理垃圾、购买绿色商品等，在全社会践行绿色发展的新理念。

7.3 实践抓手：重庆广阳岛生态城建设制度及实施指引

7.3.1 自然生态层面

自然生态制度建设是重庆广阳岛生态城生态文明建设的重要内容，也是生态城建设的根本保障，在生态城建设过程中具有本源意义。当前重庆广阳岛生态城正处在开发建设初期，在具体开发建设过程中如何妥善处理经济发展与生态保护的关系，需要建立完善的生态保障制度体系，保障生态城建设的顺利推进（表 7-4）。

7.3.1.1 划定生态保护红线

（1）建立明晰且有成效的监督和管理体制

明确重庆广阳岛生态城生态保护红线的划定和管理所涉及的经济、社会和空间等各维度的管理事权，明晰生态城管委会、水务部门、林业部门、环保部门等相关管理部门的权责协调，完善各层次规划、政策、法规标准的对接，解决生态城内众多保护界线的整合问题。明确事权划

广阳岛生态城自然生态制度体系 表 7-4

分类	名称	核心内容
环境安全稳固	《重庆广阳岛生态城自然生态空间用途管制试行办法》	围绕构建“三区三线”为主体的生态安全格局，明确生态城生态空间保护红线区划，把对基本生态控制线的相关规定以法定的形式进行强制性落实，并明确不同管制分区及限建要求
	《重庆广阳岛生态城生态保护红线》	
服务产品永续	《重庆广阳岛生态城生活垃圾终端处理设施区域生态补偿办法》	以法律形式，确定生态补偿范围、对象、方式、补偿标准等，形成完整统一的向社会公布的政策文件，避免生态补偿制度的短期化
	《重庆广阳岛生态城生态补偿机制的规定》	
	《重庆广阳岛生态城流域上下游生态补偿互动机制》	
	《重庆广阳岛生态城基本生态控制线管理规定》	保障生态城生态系统安全、防止城市建设用地无序蔓延，促进经济、社会和生态环境的可持续发展
	《关于加快绿色金融发展的实施意见》	构建以绿色信贷为主体，绿色债券、绿色发展基金、绿色保险、碳金融等多元服务互为补充的绿色金融服务体系，通过引导机制积极动员和激励社会资本投入绿色产业、绿色消费；促进节能减排、环境保护、污染治理和绿色消费、低碳经济协调发展
	《重庆广阳岛生态城建设绿色金融体系规划》	
	《重庆广阳岛生态城建设绿色金融改革创新试验区实施细则》	
	《重庆广阳岛生态城自然资源资产负债表编制制度（试行）》	推行自然资源资产负债表编制工作，完善生态文明建设目标评价考核，落实生态补偿和生态环境损害赔偿制度；在生态产品价值核算体系、生态产品价值实现模式等方面进行有益探索
系统良性循环	《重庆广阳岛生态城生态环境监测网络建设实施方案》	建立部门协调机制，构建统一规范、布局合理、覆盖全面的生态环境监测网络
	《重庆广阳岛生态城生态文明建设促进条例》	完善重庆广阳岛生态城立法和管理制度体系，实现生态环境保护综合执法
	《重庆广阳岛生态城实施河长制条例》	实现生态保护“有章可循、有法可依”；建立党政问责、区域和流域相结合的河湖林长制度，形成覆盖全区的河湖林长制组织、制度和管理体系
	《重庆广阳岛生态城关于全面推行林长制的意见》	
	《重庆广阳岛生态城生态文明建设目标评价考核办法（试行）》	强化党政主体责任，建立多元化的考核评价体系标准

分，重庆市政府、南岸区政府分别作为保护生态城基本生态控制线完整的责任主体，确保生态城建设的顺利推进。

（2）建立健全自然生态空间用途管控制度

可以出台《重庆广阳岛生态城自然生态空间用途管制试行办法》或

《重庆广阳岛生态城生态保护红线》等政策文件，围绕构建“三区三线”为主体的生态安全格局，把基本生态控制线的相关规定以法定的形式进行强制性落实，并明确控制线内不同管制分区及限建要求。为避免生态城在建设过程中出现规模盲目扩张和土地的粗放利用的问题，建议每3~5年完成一次基本生态控制线的系统性更新修正。

7.3.1.2 加强生态补偿机制建设

目前政府部门关于生态补偿机制的规定大多偏向号召性和政策性层面，对新时代下的生态环境问题和生态环境保护方式缺乏有效的法律支持[34]，可颁布实施《重庆广阳岛生态城生态补偿机制的规定》《重庆广阳岛生态城基本生态控制线管理规定》和《重庆广阳岛生态城流域上下游生态补偿互动机制》等生态城政策法规，以法律形式，确定补偿范围、对象、方式、补偿标准等，形成完整统一的政策文件向社会公布，避免生态补偿制度的短期化。

7.3.1.3 建立健全生态环境监测网络和预警机制

在重庆广阳岛生态城生态环境监测和预警方面可出台《重庆广阳岛生态城生态环境监测和预警网络建设实施方案》，建立部门协调机制，构建统一规范、布局合理、覆盖全面的生态环境监测网络；建设“生态云”大数据平台，开展生态环境大数据分析应用，完善生态城生态环境精细化和网格化监管机制和评估体系，由重庆市环境治理领导小组统一指导，以生态城相关政府部门为责任主体，健全环境监管体系，实现无缝隙管理，促进自然生态环境治理工作的开展。

7.3.1.4 建立健全生态保护和修复制度

一方面是要完善重庆广阳岛生态城生态保护和修复的立法和管理制度体系，可颁布《重庆广阳岛生态城生态文明建设促进条例》《重庆广阳岛生态城实施河长制条例》《重庆广阳岛生态城关于全面推行林长制的意见》等政策文件，形成覆盖全城区的生态保护和修复的组织、制度和管理体系。另一方面是统筹山水林田湖草滩系统保护与综合治理体系，将重庆广阳岛生态城作为一个山水林田湖草生命共同体统筹考虑、系统治理。最后，创新绿色金融制度，出台《重庆广阳岛生态城关于加快绿色金融发展的实施意见》《重庆广阳岛生态城建设绿色金融体系规划》《重庆广阳岛生态城建设绿色金融改革创新试验区实施细则》等，推进生态环境保护综合执法，打好保护与监管的“组合拳”。

7.3.1.5 建立健全生态环境保护责任制度

一是创新生态文明考核机制，出台《重庆广阳岛生态城生态文明建设目标评价考核办法（试行）》，以绿色政绩观为导向，建立生态城多元考核评价体系。二是落实执行重庆广阳岛生态城生态生产总值核算制度，出台《重庆广阳岛生态城自然资源资产负债表编制制度（试行）》，在生态城全域范围内全面推行自然资源资产负债表编制工作，完善生态文明建设目标评价考核，落实生态补偿和环境损害赔偿制度。三是实行干部离任生态审计制度，对生态城的领导干部实行自然资源资产任中和离任审计，对造成生态环境和资源破坏的部门责任人实行精准追责、终身追究。

7.3.2 经济发展层面

重庆广阳岛生态城要实现人与自然的和谐共生，创造更多的物质财富和精神财富以满足城区人民美好生活的需要，实现高质量发展，关键是处理好“绿水青山”和“金山银山”的关系，摒弃破坏生态环境的发展模式，向高质量发展阶段迈进。推行创新、协调、绿色、开放、共享的发展理念，落实绿色发展的经济政策（表 7-5），加快形成资源节约和环境友好的产业结构和生产方式，给自然生态留下休养生息的时间和空间。

7.3.2.1 制定低碳生态产业发展政策

坚持以生态优先、绿色发展为导向，鼓励和引导各类市场主体和公众参与生态城的经济建设活动，建立健全以产业生态化和生态产业化为主体的绿色生态经济体系。可颁布实施《重庆广阳岛生态城绿色生产实施意见》，以绿色制造和智能制造为主线，大力发展新能源、新材料等绿色低碳循环的高科技新兴产业；建立低碳产品公共采购制度，制定实施《重庆广阳岛生态城政府低碳产品采购实施细则》或《重庆广阳岛生态城政府优先采购目录》等政策文件，优先采购低碳产品，对生态城内企业的能耗和碳排放进行年度考核，合格者将被授予绿色低碳商品标识，列入政府优先采购目录，并获得在政府采购中的相关扶持政策。

广阳岛生态城经济发展制度体系　表 7-5

分类	名称	核心内容
发展持续高效	《重庆广阳岛生态城绿色生产实施意见》	围绕绿色制造、智能制造主线，大力发展新能源、新材料等绿色低碳循环、科技含量高的战略性新兴产业，促进传统产业转型升级，加快淘汰落后产能
	《政府低碳产品采购实施细则》	对领先者授予绿色低碳商品标识，列入政府优先采购目录，在政府采购中予以政策扶持，采取价格扣除或评标加分等优惠措施
	《政府优先采购目录》	
	《重庆广阳岛生态城低碳产业发展战略规划》	源头低碳化、过程低碳化和末端低碳化，全力打造以低污染、低排放、高效能为特征的低碳产业发展模式
科技创新驱动	《重庆广阳岛生态城低碳生态科技专项资金计划》	由市财政设立低碳生态科技专项资金，重点扶持节能减排、新能源、储能、天然气高效利用、碳捕捉与封存利用等低碳技术的研发与产业化
	《重庆广阳岛生态城低碳生态技术创新平台建设计划》	打造低碳生态技术创新平台，与科研院所合作，重点在生态治理、新能源、生物技术、生态农业、环境保护、循环经济、资源综合利用等领域的核心技术方面取得突破
	《重庆广阳岛生态城科技人才引进管理制度》	制定低碳生态科技人才培养与吸引政策，涉及相关岗位、落实住房、子女入学、学术研修津贴等方面
治理体系健全	《重庆广阳岛生态城清洁生产智能监管制度》	加大仪器设备投入，强化人员培训，逐步建立起规范化、系统化、科学化的监测和评价体系
	《重庆广阳岛生态城低碳绩效考核制度》	将低碳指标列入领导班子和领导干部考核的重要内容，并将考核情况作为干部选拔任用和奖惩的依据之一

建立严格的产业准入机制，积极贯彻执行节能减排、污染物排放限值等国家、行业和地方标准，引导和鼓励高新技术产业发展；坚持分类指导机制，对于国家鼓励的新技术、高附加值、低消耗、低碳排的企业项目，生态城管理部门可以开辟绿色通道，减少审批程序，提高审批效率。

完善低碳生态产业扶持政策体系，基于重庆广阳岛生态城绿色低碳战略发展思路，制定《重庆广阳岛生态城低碳产业发展战略规划》来促进低碳产业的发展。通过源头低碳化、过程低碳化和末端低碳化，全力打造低污染、低排放、高效能的低碳产业发展模式。同时，制定节约能源、清洁生产、循环经济、可再生资源利用等方面的法规及政策，依法推进低碳产业发展；创新生态环境补偿制度，运用排污权交易、碳汇交易、水权交易等方式实现生态补偿方式的市场化运作。

7.3.2.2 完善低碳生态科技创新政策

加快颁布落实《重庆广阳岛生态城低碳生态科技专项资金计划》，设立低碳生态科技专项资金，实现节能减排、新能源高效利用、碳捕捉与封存利用等低碳技术的产业化发展。与科研院所合作，打造低碳生态技术创新基地，重点在生态治理、新能源、生物技术、循环经济、资源综合利用等领域的核心技术方面取得突破，实施《重庆广阳岛生态城低碳生态技术创新平台建设计划》，加强重庆广阳岛生态城低碳发展地方标准修订工作，建立低碳技术标准研究平台。制定低碳生态科技人才培养与吸引政策，通过设立相关岗位、落实住房、子女入学、学术研修津贴等方面的优惠政策，吸引国内外科技人才，加大自有人才储备。

7.3.2.3 建立统计监测制度

完善政府生态工作考核机制，将低碳指标列入领导干部考核的内容，并将考核结果作为干部选拔任用和奖惩的重要依据；建立问责机制，对因决策失误造成重大环境事故、严重干扰正常环境执法的领导干部和公职人员，追究其相应责任。

7.3.3 社会文化层面

重庆广阳岛生态城的社会文化制度要体现以人为本的要求，创造良好的居住环境，提供充足的就业机会和城市服务，建设适宜不同收入群体安居乐业、充满活力的国际化和谐新城（表 7-6）。

广阳岛生态城社会制度体系　　表 7-6

分类	名称	核心内容
环境公平正义	《重庆广阳岛生态城绿色出行行动计划（2020-2022 年）》	鼓励采用低碳、低污染的绿色出行方式，加大对公共交通、新能源公交车的支持力度，构建生态城多元交通体系
	《重庆广阳岛生态城关于加快培育和发展住房租赁市场的实施意见》	形成供应主体多元、经营服务规范、租赁关系稳定、租金价格平稳的住房租赁市场体系和市场监管有力、权益保障充分、便民规范高效的住房租赁服务监管体系
	《重庆广阳岛生态城保障性住房规划与建筑设计导则》	将保障性住房用地纳入本地年度土地供应计划，在申报年度用地指标时单独列出，确保优先供应

续表

分类	名称	核心内容
环境公平正义	《重庆广阳岛生态城生态城公共交通条例》	公交站点周边 500 米服务半径范围 100% 覆盖；轨道交通沿线 500 米范围覆盖率达 60%，800 米范围覆盖率达 100%，实现公共交通设施的公平性
生活品质提升	《重庆广阳岛生态城关于保障 5G 网络基础设施建设的实施意见》	促进生态城 5G 网络基础设施的建设、运营、维护
	《重庆广阳岛生态城住宅区和住宅建筑内通信配套设施建设技术标准》	
	《重庆广阳岛生态城文体设施管理白皮书》	免费文体设施对公众开放度 100%；免费文体设施 100% 可正常使用，无安全隐患
智慧管理有序	《重庆广阳岛生态城生态文明建设促进条例》	增强全社会遵法、守法意识，培育节约资源和保护环境的生产经营模式和生活消费方式
	《重庆广阳岛生态城人居环境集中整治专项行动实施方案》	通过媒体公开宣传垃圾减量化的现实和社会意义；在学校推广相关教育，培养环境意识，自觉重视、维护环境质量和环境治理，积极配合环境减量化

7.3.3.1 多元多层次住房保障体系

根据重庆广阳岛生态城经济发展、人口和收入结构，同时结合产业和人口引入等目标，颁布落实《重庆广阳岛生态城关于加快培育和发展住房租赁市场的实施意见》和《重庆广阳岛生态城保障性住房规划与建筑设计导则》等政策文件，形成多层次、多元化的住房供应体系，满足生态城内不同人群对住房的多样需求，实现居者有其屋。在住区建设方面，重庆广阳岛生态城可建立以生态社区为单位的新型住区模式，社区内混合布置不同类型的住房，促进不同群体的交融，构建平等融合的社区。

7.3.3.2 公共设施布局均衡

按照均衡布局、分级配置、平等共享的原则建设重庆广阳岛生态城公共服务设施，并按照人口规模配建学校。同时，可将生态环保类型的学校体育场馆对公众开放，有条件地推进中、小学体育设施社会化，为全民健身提供保证。构建生态城内部 15 分钟社区生活圈，使城市居民在 500 米范围内可以获得各类日常服务，实现公共设施的均等化配置和平等共享。

7.3.3.3 倡导绿色交通模式

重庆广阳岛生态城可通过构建以公交系统和步行、自行车等慢行系统为主导的绿色交通模式，完善生态城内清洁能源公共交通与轻轨站点接驳，形成覆盖全城的便捷安全舒适的公交网络。同时，结合公共交通站点建设城市公共设施，加强公交站点周围土地的混合利用程度，使居民在步行范围内得以解决基本生活需求，减少对小汽车的依赖；建设智能交通系统，加强交通管理，提高道路交通运行能力。

7.3.3.4 智慧化市政建设

建设数字生态城，搭建覆盖全城的大数据网络信息平台，以城市规划建设和土地利用的空间数据为基础，整合人口、经济、社会和生态环境数据，对城市安全、交通和市政设施等城市部件和事件实施全方位、全过程监测、处理和反馈；推行电子政务、电子商务和电子社区服务，提高城市智慧化管理和服务水平。

7.3.3.5 推动生态环保理念深入人心

建立健全以生态价值观念为导向的生态文化体系，形成人与自然和谐发展、共存共荣的生态意识和价值取向，颁布实施《重庆广阳岛生态城生态文明建设促进条例》，加强宣传力度，培育形成节约资源和保护环境的生产经营模式和生活消费方式。做好生态文化载体建设，推进文化生态保护区及森林公园、风景名胜区等保护与建设，加强节约型机关、绿色家庭、绿色企业、绿色社区创建，形成政府、企业和社会共同参与、多元共治的氛围，充分发挥生态文化在生态文明建设中的内核作用。

本章参考文献

[1] 甄贵福．资源型城市生态环境治理与政府公共服务职能创新研究——以唐山市南湖生态城建设为例 [D]．天津：南开大学，2010.

[2] 王琦，鞠美庭，张磊，刘沁哲，闫许．绿色政府管理体系的构建思路与实践 [J]．生态经济，2011 (7)：180-184.

[3] 徐振强，李爱民，尤志斌，等．基于法的效力保障低碳生态城持续性发展——《无锡市太湖新城生态城条例》的评析与建议 [J]．建设科技，2013 (16)：46-50.

[4] 杨期勇，黄南婷，杨云仙，等．生态城市建设的生态环境容量分析——以江西省共青数字生态城为例 [J]．生态经济，2016，32（11）：165-169.
[5] 王玉国，尹小玲，李贵才．基于土地生态适宜性评价的城市空间增长边界划定——以深汕特别合作区为例 [J]．城市发展研究，2012，19（11）：76-82.
[6] 陈学斌．加快建立健全生态补偿机制的政策建议 [J]．经济研究参考，2011（6）：12.
[7] 张文彬，李国平．生态保护能力异质性、信号发送与生态补偿激励——以国家重点生态功能区转移支付为例 [J]．中国地质大学学报（社会科学版），2015（3）：26-34.
[8] 苏牧．创新链视角下的绿色技术创新机制分析 [J]．科技和产业，2020，30（1）：51-55.
[9] 苑金秒．绿色施工管理理念下创新建筑施工管理的策略分析 [J]．建筑技术开发，2018（15）：59-60.
[10] 戚建强，蔺雪峰，周志华．基于城市碳排放强度控制目标的规划方法和实践——以天津生态城为例 [J]．北京规划建设，2013，（6）：31-34.
[11] 杜俐．从绿色建筑到低碳生态城 [J]．工业 C，2016（4）：30-30.
[12] 杨红灿．建立低碳环保的消费方式推进资源节约型环境友好型社会建设 [C]// 第六届环境与发展中国（国际）论坛，2010.
[13] 加强社会动员 共建生态文明——积极构建全民参与环境保护的社会行动体系 [J]．环境保护，2013，41（22）：32-34.
[14] 杨礼．论制度视阈下公民诚信意识的培育 [D]．上海：华东师范大学，2014.
[15] 王爱兰．加快我国生态城市建设的思考 [J]．城市，2008（4）：53-56.
[16] 董战峰，郝春旭．积极构建环境绩效评估与管理制度 [J]．社会观察，2015（10）：34-37.
[17] 周宏春．生态文明体制改革：知易行难 [J]．中国环境管理，2016，（1）：114-114.
[18] 李永胜．开创生态文明体制改革新局面的六大理念 [J]．南都学坛：南阳师范学院人文社会科学学报，2016，36（4）：79-82.
[19] 佚名．从小互动到大体验——探索生态环保展示的数字化技术 [J]．环境保护，2015（19）：79-79.
[20] 张占斌．推动高质量发展要完善四大体系建设 [J]．经济视野，2018（3）：44-45.
[21] 张亮．促进我国经济发展绿色转型的政策优化设计 [J]．发展研究，2012，（4）：44-46.
[22] 肖宏伟，易丹辉，周明勇．中国工业电力消费强度行业波动及差别电价政策效果 [J]. 山西财经大学学报，2013，35（2）：44-55.
[23] 贾常艳．优化能源结构助力 15%[J]．电器工业，2014，12（12）：45-45.

[24] 李肖云. 从制度的层面论述如何提高社会治理的效果 [J]. 才智，2016,（11）：270-271.

[25] 江丽萍. 浅析营建绿色城市应遵循的原则 [J]. 新闻世界，2008,（B06）：126-127.

[26] 刘珊. 生态文明建设的法治治理途径 [J]. 法制与社会，2014,（1）：235-236.

[27] 魏薇，周琦凯. 以十九大精神为引领——多举措加强重庆市生态环保能力建设 [J]. 科学咨询：科技 · 管理，2018，593（7）：28-29.

[28] 丁瑶瑶. 生态环境损害赔偿——地推进生态环境损害赔偿试点 [J]. 环境经济，2017（3）：26-29.

[29] 重庆市生态环境局，重庆市经济和信息化委员会，重庆市公安局，重庆市市场监督管理局关于实施国家第六阶段机动车排放标准的通告 [J]. 重庆市人民政府公报，2019,（12）：38-38.

[30] 魏薇，周琦凯. 以十九大精神为引领——多举措加强重庆市生态环保能力建设 [J]. 科学咨询：科技 · 管理，2018，593（7）：28-29.

[31] 徐伟. 重庆：严格环境准入优化布局 [J]. 杭州（周刊），2012（5）：79-79.

[32] 熊敏，熊文强，刘谭仁. 重庆市清洁生产信息数据库建设 [J]. 重庆大学学报（自然科学版），2002，25（12）：148-148.

[33] 邓辅玉，黄诗雨. 城市居民低碳生活路径研究——以重庆市为例 [J]. 重庆工商大学学报：社会科学版，2019，36（5）：28-36.

[34] 沈小雯. 长三角生态补偿机制构建中存在的问题及其对策研究 [D]. 苏州：苏州大学，2012.